SHUXUE WANGGUO ZHONG DE WEIJIE NANTI

刘鹏 编著

数学王国中的未解难题

内容全面　　题材新颖　　创意无限

中国出版集团
现代出版社

图书在版编目（CIP）数据

数学王国中的未解难题 / 刘鹏编著．— 北京：现代出版社，2012.6（2025 年 1 月重印）

ISBN 978 - 7 - 5143 - 0618 - 7

Ⅰ．①数… Ⅱ．①刘… Ⅲ．①数学 - 普及读物 Ⅳ．①O1 - 49

中国版本图书馆 CIP 数据核字（2012）第 115824 号

数学王国中的未解难题

编　　著	刘　鹏
责任编辑	杨学庆
出版发行	现代出版社
地　　址	北京市安定门外安华里 504 号
邮政编码	100011
电　　话	010 - 64267325　010 - 64245264（兼传真）
网　　址	www. 1980xd. com
电子信箱	xiandai@ vip. sina. com
印　　刷	三河市人民印务有限公司
开　　本	710mm × 1000mm　1/16
印　　张	13
版　　次	2012 年 7 月第 1 版　2025 年 1 月第 9 次印刷
书　　号	ISBN 978 - 7 - 5143 - 0618 - 7
定　　价	49. 80 元

前　言

数学是一门领域非常广阔、内容极为丰富、系统十分庞大的学科，是人类认识客观世界的一个重要工具，是各门科学所不可缺少的一件强有力的武器。

在数学中有不少难题，由于构思巧妙，内容精彩有趣，千百年来磨炼着无数数学爱好者的毅力和才华，被记载到各种数学书籍中，承前启后，世代相传。这些难题，千奇百巧，琳琅满目，当人们真正进入这座数学迷宫时，就会发现才智的蓓蕾一朵朵烂漫地开放，就会使人们产生巨大的毅力和信心，就会感到充满了幸福和浓厚的乐趣，就会感到数学是时刻离不开的良师益友。因为这门科学不仅有巨大而广泛的实用价值，而且正如一些诗人和数学家说的："在数学里面，甚至还有像诗画那样美丽的境界。"加里宁曾经也说过："数学可以使人们的思想纪律化，能教会人们合理的思维着，无怪乎人们说数学是思想的体操。"

数学是一门十分需要想象力和创造力的科学，对人们的知识发展、推理论证能力的培养、探求真理习惯的养成，作用极大。

在探索数学的道路上，人们发现了一个又一个的难题，然后又一个一个地将这些难题解决，而这些难题，千奇百巧，琳琅满目，如同一朵朵绚丽无比的花朵，给人们挑战的勇气，激发着人类的智慧。

因此，每一个中学生，每一个青少年，都应该立志学好数学，增强克服困难的勇气，培养独立思考的习惯，提高自己分析问题和解决问题的能力。但是，要学好这门重要课程，必须适当阅读一些课外读物，籍以扩大数学的知识领域，了解数学理论的来龙去脉，对于牢固地掌握课内所学的基础知识是颇有益处的。本书集知识性、思想性为一体，说理直观浅显，通俗易懂，充分展示数学之美。读者也会从其中得到不同的乐趣和益处，有助于开阔眼界、增长知识、锻炼逻辑思维能力。

目 录

Contents

数学的历史

什么是数学

数学就像空气一样，无时不有，无处不在，谁都离不开它，但谁也不能直接看清它的面貌、它的影子。

我们观看精彩的体育比赛，比分牌记录着赛场风云的是数字，显示球员们位置的是他们背上的数字；我们乘车旅行，对号入座靠的是数字；考试卷上记载成绩的也是数字；每个人的年龄、身高、体重等等都要用到数字；市场里的商品，股市上的股票，更是离不开数字……总之，我们每天都要与数字打交道。

我们看到的日月星辰、高山大河、花草树木、鱼虫鸟兽；从庄严的天安门和雄伟的长城，一直到小小的文具盒、铅笔、橡皮等等，世界上的一切事物，都有它们各自不同的形状。所以，科学家们发现，数量和形状是事物最基本的性质。恩格斯在谈到数学的时候，曾经指出："纯数学的对象是现实世界的空间形式和数量关系。"那么，什么是数学呢？可以说，数学是一门研究客观物质世界的数量关系和空间形式的科学。当然，数学所研究的数量和形状，它的含义比日常生活中所讲的含义要深广得多。它既是一门科学，也是人类活动的重要工具。

数的形成

数是“数（shǔ）”出来的。这句话确切地反映了数的概念产生的缘由。早期的人类大约也没有数（shǔ）的必要。从现在尚存的原始部落的语言中可以发现，他们甚至不具备表示“3”以上的数。美国人类学家柯尔对澳洲原始部落研究后发现，很少有人会辨别4个东西，无须数（shǔ）数的原因之一，大约是占有物的贫乏。另外，没有物的集合体的概念也是产生不出数（shǔ）活动的原因。例如，一些原始部落能区分出成百种不同的树木，并赋予它们各种不同的名称，却不存在“木”这一概括性概念。数是集合的一种性质，没有集合的概念，自然也就难以产生揭示其性质的活动。

大约在距今1万年之前，随着地球上冰水消融、气候变化，人类中的一部分开始结束散居的游牧生活，在大河流域定居起来，于是农业社会出现了。农民既靠地又靠天，因此他们十分关心日月的运行和季节的变化。此外，种植和贮藏、土地划分和食粮分配，以及随之而出现的贸易和赋税等等，都潜在而又强烈地促使了数（shǔ）数的必要，为数的概念和记数方法的产生提供了坚实的物质基础。

数觉与等数性

正整数的产生是在有史以前。人类起先并没有数的概念，对于物质世界中的数量关系的认识，只有一些模糊的感觉，这种感觉，有人称之为“数觉”。已经证实，有些动物，如许多鸟类也具有“数觉”。由于人类能认识世界，改造世界，在长期实践过程中，形成了数的概念。

在远古时代，原始人为了谋生，最关心的问题是——有或没有野兽、鱼或果实，有则可以饱餐一顿，无则只好饿肚子。因此，人类就有了“有”与“无”的认识。进一步认识“有”的结果，引出了“多”与“少”的概念。这就使人类对数量关系从孤立的认识提高到比较阶段。

在多与少的分辨中，认识“1”与多的区别又是必然而关键的一步。从孩提认识“1”的过程可以推测，人们最初对“1”的认识是由于人通常是用一只手拿一件物品产生的。也就是说，它是由一只手与一件物品之间的反复对应，在人的头脑中形成的一种认识。

建立物体集合之间的一一对应关系是数（shǔ）“数”活动的第一步。在这一活动中，不仅可以比较两个集合的元素之间的多或少，更主要的是可以发现相等关系，即所谓的等数性。

尽管集合与映射的概念直到19世纪才出现，但人们对集合间等数性的认识与一一对应思想却早已有之。因而，人们用所熟悉的东西来表示一个集合的数量特征。例如，数“2”与人体的两只手、两只脚、两只耳朵、两只眼睛等联系在一起。汉语中的“二”与“耳”同音，也即某一个集合中元素的个数与耳朵一样多，这就是利用了等数性。据说，古代印度人常用眼睛代表“2”。

在数的概念形成过程中，对等数性的认识是具有决定意义的一件事。它促使人们使用某种特定的方式利用等数性来反映集合元素的多少。

根据考古资料，远古时代，人们用来表示等数性的方法很多，例如，利用小石子、贝壳、果核、树枝等或者用打绳结或在兽骨和泥板上刻痕的方法。这种计算方法的痕迹至今仍在一些民族中保留着。有时候，为了不丢失这些计算工具，而把贝壳、果核等串在细绳或小棒上，这样记下来的并不是真正的、抽象的数，只是集合的一类性质——数量特征的形式转移。

除了实物计数，人们还利用自己的身体来计数，利用屈指来计数：表示一个物体伸一个指头，表示两个物体伸两个指头，如此下去。直到现在，南美洲的印第安人还是用手指与脚趾合在一起表示数“20”。屈指计数为五进制、十进制等记数制的产生提供可能，当这种可能变成事实时，数的概念连同有效的计数技术也就产生了。

等数性刻画了集合的基数。当人们利用屈指记数时，不自觉地从基数转入了序数。例如，要表示某一集合包含三件事物时，人们可以同时伸出三个手指，这时的手指表示基数。如果要计数，他们就依次屈回或伸出这些手指，这时手指起了序数的作用。

无论是实物计数还是屈指计数都不是最理想的计数方法。实物计数演变为算筹、算盘。指计数沿着两个方向发展。

一个方向是探求指计数的更理想的发展。例如，新几内亚的锡比勒部族人，利用手指和身体的其他部位，可以一直计数到27。中国有一种手指计数法，最高可算到10万。即使在现代，除了小孩初学计数时仍用手指外，在证券交易所也有用手指计数的。然而随着数的语言、符号的产生，教育的普及，屈指计数的技术最终还是被淘汰了。

屈指计数发展的另一个方向是指计数和实物计数相结合，这个方向上创造出了进位制计数方法和完整的数的概念。

甲骨文上的十进制与八卦中的二进制

八　卦

中国是十进制和二进制的故乡。中国数学在人类文化发展的初期，远远领先于巴比伦和埃及。

中国早在五六千年前，就有了数字符号。到三千多年前的商朝，刻在甲骨或陶器上的数字已十分常见。1899年从河南安阳发掘出来的龟甲和兽骨上所刻的象形文字（甲骨文）中载有许多数字记录，比如“八日辛亥允戈伐二于六百五十六人”。这说明当时已采用十进制的记数方法，而且有从一到百、千等的十三个记数单位。当时在运算过程中用的算筹，算筹纵横布置，就可以表示任何一个自然数。据考证，至少在公元前8世纪到前5世纪，我国算筹已经完备，而印度是在公元876年才正式使用“0”这一符号。所以我国是名副其实的十进制的故乡。

中国的二进制源于八卦，记载于《易经》一书中。计算机的创始人莱布尼兹通过对《易经》的研究，认为《易经》图形表示从零开始到前64个数，所记录的就是二进制。这就是我国常说的太极生两仪，两仪生四像，四象生八卦……

结绳记事

数学最初是从结绳记事开始的。从大约300万年前的原始时代起，人们通过劳动逐渐产生了数量的概念。他们学会了在捕获一头野兽后，用一块石子、一根木条来代表，或用绳打结的方法来记事、记数。这样在原始人眼里，一个绳结就代表一头野兽，两个结代表两头……或者一个大结代表一头大兽，一个小结代表一头小兽……数量的观念就是在这些过程中逐渐发展起来的。

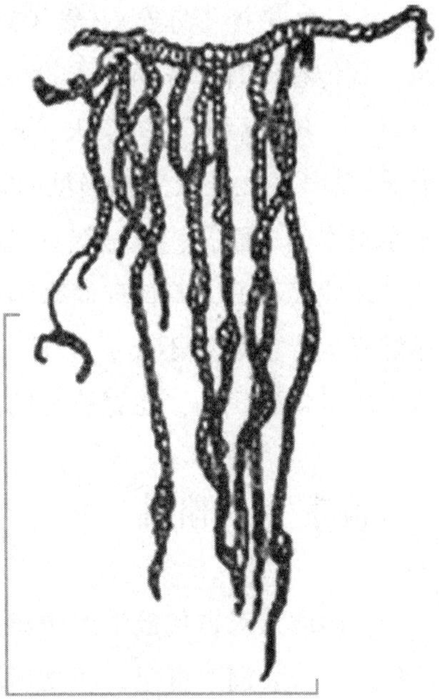
结绳记事

在距今天约五六千年前，非洲的尼罗河流域的文明古国埃及较早地学会了农业生产。他们通过天文观测进行农业生产，其中就包含了一些数学知识的应用；另一方面，古埃及的农业制度是把同样大小的正方形土地分配给每一个人。这种对于土地的测量，导致了几何学的产生。数学正是从打结记数和土地测量开始的。

与埃及同时，亚洲西部的巴比伦、南部的印度和东部的中国等几个同样伟大的文明社会也产生了各自的记数法和最初的数学知识。在距今约2000年前的希腊人，继承了这些数学知识，并将数学发展成为一门系统的理论科学。古希腊文明毁灭后，阿拉伯人继承了他们的文化，使数学重新发展起来，并最终导致了近代数学的创立。

“九九歌”从“九九八十一”开始

我国古代对于整数的四则运算和应用的认识，已经是很早的事了。我们都知道“九九歌”是个正整数的乘法歌诀。在古时候，这个歌诀是从“九九八十一”开始而不是从“一一得一”开始的，所以叫做“九九歌”。“九九”在古书《荀子》《管子》中有记载，在出土文物的汉竹简上也有记录。相传春秋时期齐桓公专设一个招贤馆征求各方人才，等了很久没有人应召。一年以后来了一个人，把“九九歌”当作见面礼献给齐桓公。齐桓公笑道：“‘九九歌’能当见面礼吗?”这人答道：“‘九九歌’确实不够资格拿来作为见面礼，但是您对我这个仅懂得‘九九歌’的人都能重视的话，还愁比我高明的人不接连而来吗?”齐桓公认为很对，就批示把他请进招贤馆好好招待，果然不出一个月，许多有才能的人都四面八方前来应召了。这个故事告诉我们，在春秋时期，“九九歌”已经被人们广泛掌握了。

佛掌上的明珠

古印度人对古代数学的贡献，犹如印度佛掌上的明珠那样耀眼，令人注目。在公元前3世纪，印度出现了数的记号。在公元200年到1200年之间，古印度人就知道了数字符号和0符号的应用，这些符号在某些情况下与现在的数字很相似。此后，印度数学引进十进制的数学和确立数字的位值制，大大简化了数的运算，并使记数法更加明确。如古巴比伦的小记号“▼”既可以表示“1”，也可以表示“1/60”，而在印度人那里符号“1”只能表示1个单位，若表示十、百等，须在“1”的后面写上相应个数的“0”，现代人就是这样记数的。印度人很早就会用负数表示欠债和反方向运动。他们还接受了无理数概念，并把适用于有理数的运算步骤用到无理数中去。他们还解出了一次方程和二次方程。

印度数学在几何方面没有取得多大进展，但对三角学贡献很多。如在他们的计算中已经用了三种量—— 一种相当于现在的正弦，一种相当于余弦，另一种是正矢，等于 $1-\cos\alpha$，现在已不采用。他们已经知道三角量的某些关系式。如 $\sin^2\alpha+\cos^2\alpha=1$，$\cos(90°-\alpha)=\sin\alpha$ 等，还利用半角表达式计算某些特殊角的三角值。

阿拉伯数学——数学之桥

阿拉伯人对古代数学的贡献，是现在人们最熟悉的1、2、3……9、0这十个数字，称为阿拉伯数字。但是，阿拉伯也吸收、保存了希腊印度的数字，并将它传到欧洲，架起了一座“数学之桥”。进位记法，也采用印度的无理数运算，但放弃了负数的运算。代数这门学科的名称就是由阿拉伯人发明的。阿拉伯人还解出一些一次方程、二次方程，甚至三次方程，并且用几何图形来解释它们的解法。

阿拉伯人还获得了较精确的圆周率，得到 $2\pi=6.2831853071795865$，已计算到17位。此外，他们在三角形上引进了正切和余切，给出了平面三角形的正弦定律的证明。平面三角和球面三角的比较完善的理论也是他们提出的。阿拉伯数学作为“数学之桥”，还在于翻译并著述了大量的数学文献，这些著作传到欧洲后，数学从此进入了新的发展时期。

古希腊数学——数学的摇篮

古希腊人从阿拉伯人那里学到了许多数学经验，并对其进行了精细的思考和严密的推理，才逐渐产生了现代意义上的数学科学。

第一个对数学诞生作出巨大贡献的是泰勒斯。他曾利用太阳影子计算了金字塔的高度，实际上是利用了相似三角形的性质，这在当时是非常了不起的。

在泰勒斯之后，以毕达哥拉斯为首的一批学者对数学作出了贡献。他们最出色的成就是发现了“勾股定理”，在西方称为“毕达哥拉斯定理”。正是因为这一定理，才导致了无理数的发现，引起了第一次数学危机。稍晚于毕达哥拉斯的芝诺，提出四条著名的悖论，对以后数学概念的发展产生了重要的影响。欧几里得又吸收了前人的精华，写成了《几何原本》这本数学著作，今天人们所学的平面几何知识，都来源于这本书。继欧几里得之后，阿基米德开创了希腊数学新时期，被后人称为“数学之神”。

在阿基米德之后，在天文学促进下，希帕恰斯、托勒密等人又创立了三角学；尼可马修斯写出了第一本数论典籍——《算术入门》；丢番图则系统研究了各种方程。

这样，初等数学建立起来了。这意味着由古巴比伦和古埃及人孕育的数学“婴儿”终于在古希腊的摇篮中诞生了。

巴比伦人的泥版

巴比伦人的泥版

19 世纪前期，人们在亚洲西部伊拉克境内发现了 50 万块泥版，上面密密麻麻地刻有奇怪的符号，这些符号是古巴比伦人的“楔形文字”。科学家们经过研究，发现泥版上记载了大量的数学知识。

古巴比伦人用“▼”表示 1，用“<”表示 10，从 1 到 9 是把“▼”写相应的次数。从 10 到 50 是把“<”和“▼”结合起来写相应的次数。他们还根据人有 10 个指头，一年月亮 12 次圆缺而产生了十进制和六十进制的想法。如现在的 1 小时 =60 分钟，1 分 =60 秒就是源于古巴比伦人的六十进制。从那些泥版上，人们还发现巴比伦人掌握了许多计算方法，并且编成了各种表帮助计算，如乘法表、倒数表、平方和立方表、平方根和立方根表。他们还掌握了代数的概念。

巴比伦人也具备了初步的几何知识。他们会把不规则形状的田地分割为长方形、三角形和梯形来计算面积，也能计算简单的体积。

他们的成就对后来数学的发展产生了巨大的影响。

埃及的金字塔和纸草书

闻名世界的金字塔不仅以它宏伟的气势吸引了无数旅游观光者，更以它建造的精巧吸引了世界各地的科学家。据对最大的胡夫金字塔测量，发现它高146.5米（因损坏现高为137米），基底正方形边长为233米（现为227米），各底边误差仅为1.6厘米，是全长的1/14600；基底直角误差为12″，仅为直角的1/27000。此外，金字塔的四个面正向着东南西北四个方向。这么高大的金字塔，埃及人怎么能建造得如此精确？古埃及人一定掌握了非常丰富的几何知识。原来，在尼罗河三角洲盛产一种纸莎草，古埃及人把这种草从纵面割成小条，拼排整齐，连接成片，压榨晒干，在上面写字，叫纸草书。1822年，一位名叫高博良的法国人弄清了一部分整理出来的纸草书的含义。

埃及金字塔

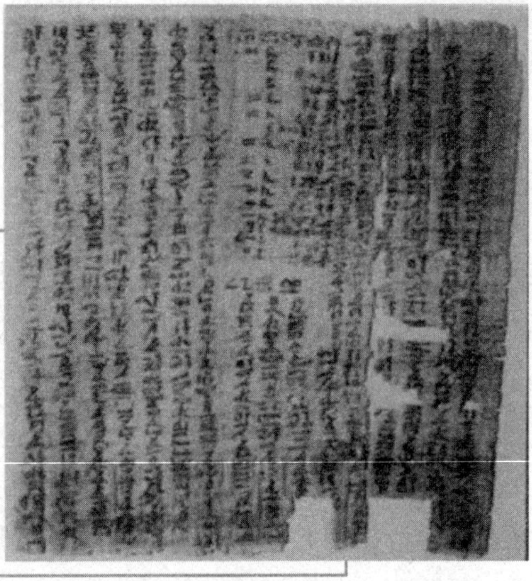

纸草书

由此纸草书人们得知，古埃及人早已学会用数学来管理国家，确定谷仓容积和田地的面积，计算造房屋和防御工程所需的砖数，计算付给劳役者的报酬等等。

换成数学语言就是，古埃及人已掌握了加减乘除及分数的运算。他们还解决了一元一次方程和一类相当于二元二次方程的特殊问题，纸草书上还有关于等差、等比数列的问题。他们计算矩形、三角形和梯形面积，长方体、圆柱体的体积等，与现代计算方法非常相近。

由于具有了这样的数学知识，古埃及人建成金字塔就不足为奇了。

数学宝殿

具有无穷魅力的黄金分割

“黄金分割”被天文学家开普勒称为几何学两大瑰宝之一。“黄金分割”最早的发现者当数古希腊著名的数学家攸多克萨斯。他在研究比例时，发现了一个有趣的线段中外比性质，即把已知线段分成两部分，使其中的一部分是全部线段与另一部分的比例中项。关于线段

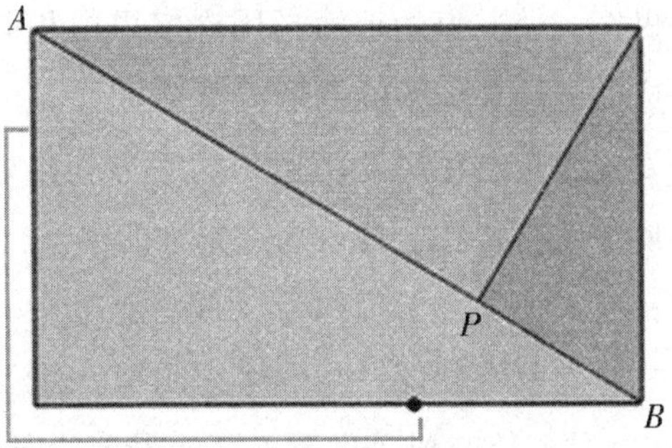

黄金分割

中外比问题，攸多克萨斯得到如下结果：如果线段 AB 上有一点 P，把线分成两部分 AP、BP，且 $PB:AP=AP:AB$，则①P 为线段 AB 的中外比点，AP 的长为中外比数；②设 $AB=1$，则中外比数 $AP=\frac{\sqrt{5}-1}{2}=0.618\cdots$。

自从攸多克萨斯发现中外比后，它的内在价值不断被人们在实践中发掘。中外比的最大神奇表现为它的美学价值上。人们通过测量发现维纳斯雕像的下身与上身的比近乎为0.618。可见，当年雕塑家就已知道了黄金分割的应用。

到了中世纪，中外比更被人们所敬仰，并且披上了神秘的外衣。

帕乔利称之为“神圣比例”；天文学家开普勒称之为“神圣分割”；画家达·芬奇称之为“黄金分割”。

在数学中，还有一种黄金矩形（宽长比为黄金数）。它是各种矩形中看起来最顺眼，也是最具美感的一种。国旗就是这种矩形。黄金矩形还有一种奇特而美妙的性质：可以分成一个正方形和另外一个小黄金矩形。

几何学的璀璨明珠——勾股定理

著名数学家、天文学家开普勒曾把毕达哥拉斯定理和黄金分割喻为几何的两大宝藏。毕达哥拉斯定理即为勾股定理。它是由古希腊数学家、哲学家毕达哥拉斯最早发现和证明的。

勾股定理的发现还有一个动人的故事。有一天，毕达哥拉斯到朋友家做客，朋友家的地面是用许多黑白相间的全等的等腰直角三角形砖铺砌而成的。这个美妙的图形深深吸引了他，他聚精会神地看着地面。忽然，他发现直角三角形的两边长的平方和恰好等于斜边的平方。这个惊人的发现使他欣喜若狂，他认为这是神的赐予，于是他杀了100头牛作为报答。因此又有人把勾股定理称为“百牛定理”。

勾股定理像一颗璀璨的明珠，使不少人为之倾倒。现有的证法至少有370种，使它成为世界上证法最多的定理。

勾股定理在我国数学史上也有光辉的一页。夏禹治水时就已用到勾股

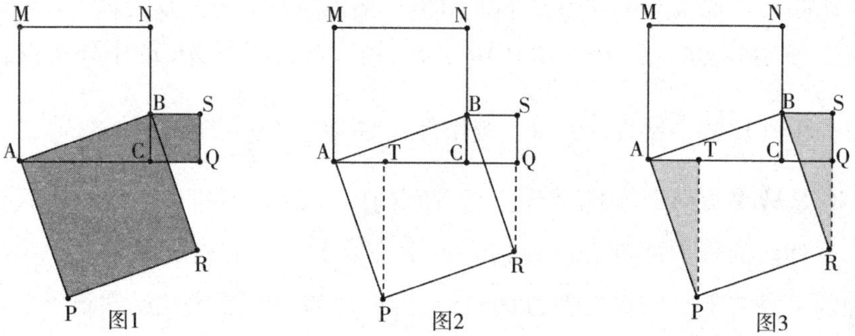

勾股定理证明图

术，开创了世界上最早使用勾股定理的先河。我国最早的数学著作《骨髀算经》中记载了“勾三、股四、弦五”的问题。

数学的“圣经”——《几何原本》

古希腊数学家欧几里得一生最大的功绩就是完成了《几何原本》（简称《原本》）这一数学史上的巨著。《几何原本》是数学史上的一个伟大的里程碑。除《圣经》之外，没有任何一本著作，其使用、研究与印行之广泛能与《原本》相比。2000 多年来，它一直支配着几何的教学，因此，有人称《原本》为数学的《圣经》。

《几何原本》

《原本》全书共 13 卷。第 1 卷，给出了欧几里得几何学的基本概念、定义、定理、公理、公式等；第 2 卷，面积和变换；第 3 卷，圆及其有关图形；第 4 卷，多边形及圆与正多边形的作图；第 5、6 卷，比例与相似形；第 7 卷，数论；第 8 卷，连比例；第 9 卷，数论；第 10 卷，不可通约量的理论；第 11 卷，立体几何；第 12 卷，利用“穷竭法”证明圆面积的比等于半径平方的比，球体积的比等于半径立方的比等等；第 13 卷，正多面体。

《原本》于明朝传入我国。当时意大利的传教士利玛窦与中国的徐光启合译了《原本》的前 6 卷，于 1607 年出版，定名为《几何原本》。《原本》的最后译完应归于清代的中国数学家李善兰与英国的伟烈亚力，他们合译了《原本》的后 7 卷。《几何原本》在中国出版后，很快就传播开来。

“下金蛋的母鸡”——费马大定理

法国数学家费马在数论方面有突出的成就，被誉为“数论之父”。费马闻名于世，是与“费马大定理”是分不开的。

约在1637年，费马在读丢番图的《算术》时，对其中的一个命题“将一个平方数分为两个平方数；将一个四次方数分解为两个四次方数；或者一般地将一个高于二次幂的任何乘幂分成两个同次幂之和？”他的回答是否定的。这个定理，即当整数 $n>2$ 时，关于 x、y、z 的方程 $x^n+y^n=z^n$ 均无整数解，这就是所谓的费马大定理。费马说：“我想出了这个论断的一个真正奇妙的证明，只是这里的空白狭小，不容我把它写下来。”

费马对于这个定理的“奇妙证明”，始终没有找到。但这个定理吸引了许许多多的数学家，但经过三个半世纪的努力，这个世纪数论难题才由普林斯顿大学英国数学家安德鲁·怀尔斯和他的学生理查·泰勒于1995年成功证明。证明利用了很多新的数学，包括代数几何中的椭圆曲线和模形式，以及伽罗华理论和Hecke代数等，令人怀疑费马是否真的找到了正确证明。而安德鲁·怀尔斯由于成功证明此定理，获得了1998年的菲尔兹奖特别奖以及2005年度邵逸夫奖的数学奖。在证明费马定理的过程中产生了许多数学成果，拓宽了数学的领域，促进了数学的发展。因此德国的数学家希尔伯特说：“这是一只下金蛋的母鸡。”

中国剩余定理——孙子定理

我国古代的重要数学著作《孙子算经》中有一问题：“今有物不知其数，三三数之剩二，五五数之剩三，七七数之剩二，问物几何？”答曰：“二十三。”这段话译成白话是：“有一堆东西不知有多少个，如果三个三个数，剩二个，如果五个五个数，剩三个，如果七个七个数剩二个。问这堆东西有多少？答案是二十三个。”这个问题的解决，叫“孙子定理”，国外称为“中国剩余定理”。

明朝程大位将这个问题的解法写成一首诗是：“三人同行七十稀，五树梅花廿一枝，七子团圆正半月，除百零五便得知。”这首诗里隐含着 70、21、15、105 这 4 个数，只要劳记这 4 个数，解答此题便轻而易举了。在《孙子算经》中详细介绍了这种奇妙算法：凡是每 3 个一数最后余 1 的，就取 1 个 70，最后余 2 的，便取 2 个 70；每 5 个一数最后余 1 的，就取 1 个 21，余 2 的，就取 2 个 21；每 7 个一数最后余 1 的，就取 1 个 15，余 2 的取 2 个 15。把这些数加起来，如果得数比 105 大，减去 105，所得的两组数便是众多答案中最小的一个和第二小的。比如，上题是取 2 个 70，取 3 个 21，取 2 个 15。由于 $2\times70+3\times21+2\times15=233$，比 105 大，减去 105，再减 105，得 23。只此寥寥几步，便解了此题，可谓神奇。

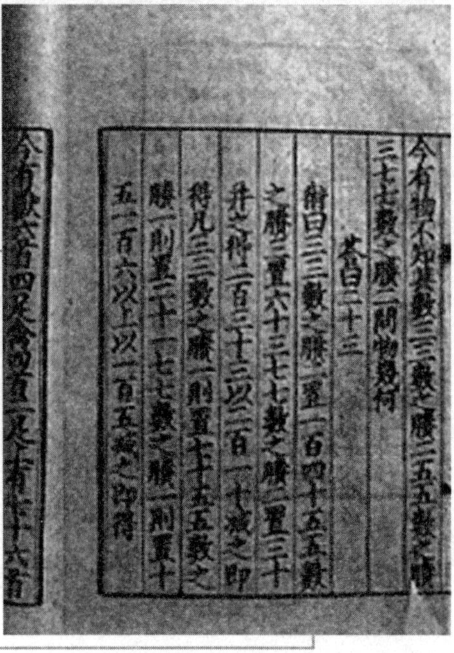
今有物不知其數三三數之賸二五五數之賸
三七七數之賸二問物幾何
荅曰二十三
術曰三三數之賸二置一百四十五五數
之賸三置六十三七七數之賸二置三十
幷之得二百三十三以二百一十減之即
得凡三三數之賸一則置七十五五數之
賸一則置二十一七七數之賸一則置十
五一百六以上以一百五減之即得
今有獸六首四足禽四首二足上有七十六首

《孙子算经》

取得两项世界冠军的《九章算术》

《九章算术》是我国古代数学园地中的一朵奇葩。它的内容之丰富，水平之高，影响之大，堪称中国古代数学著作之最，可与欧几里得的《几何原本》媲美。现在中小学课程中的分数四则、比例、面积和体积、开平方、开立方、正负数、一次方程组、二次方程、勾股定理，以及各种应用问题的解法内容，在《九章算术》里，都有深入的研究。

《九章算术》系统地总结了战国、秦、汉时期的数学成就，后经许多人的增补，形成了现在的内容。全书共九章，内容如下：（1）方田（分数四

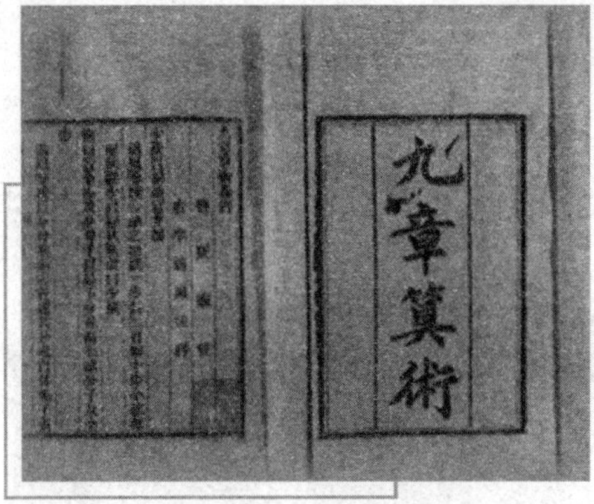
《九章算术》

则算法，平面形面积求法）；（2）粟米（粮食交易问题，含有比例算法）；（3）衰分（比例分配问题）；（4）少广（面积问题的逆运算，含有开平方和开立方的方法）；（5）商功（工程问题和立方体形体积求法）；（6）均输（粮食管理运输问题）；（7）盈不足（解决盈亏问题的算术方法）；（8）方程（一次方程组解法及含有正负数加减法则）；（9）勾股（勾股定理及简单测量问题）。

《九章算术》里的方程组的解法与正负数加减运算的法则，是我国古代在数学领域中取得的两项世界冠军。前一个问题比欧洲早了1500多年，后一个问题比欧洲早1200多年。

中国古代数学的十大瑰宝——《算经十书》

我国古代千余年间陆续出现了10部数学著作，被称为中国古代数学的十大瑰宝。它们是（1）《周髀算经》：这是一部我国流传至今最早的数学著作，也是一部天文学著作。在数学方面主要讲了学习数学的方法。（2）《九章算术》：是算经十书中最重要的一部。（3）《孙子算经》：较系统地叙述了算筹记数法和算筹的乘、除、开方以及分数等计算的步骤和法则。（4）《五曹算经》：北周甄鸾所著，全书共收集了67个问题。所谓“五曹”是指五类官员，即“田曹”、“兵曹”、“集曹”、“仓曹”、“金曹”五大类问题。（5）《夏侯阳算经》：全书共3卷，收有83个数学问题，内容与《孙子算经》类似。（6）《张丘建算经》：南北朝时期的著作，除《九章算术》的内容外，还有等级数问题、二次方程问题、不定方程问题。（7）《海岛算经》：魏晋时期刘徽著，以测海岛的高、远而得名。（8）《五经算术》：北周甄鸾著，对《易经》、《诗经》、《周礼》、《礼记》、《论语》、《左传》等儒家经典中与数学有关的地方加以注释。(9)《缀术》。(10)《缉古算经》。以上10部书统称为《算经十书》。

“哥德巴赫猜想”只差最后一步

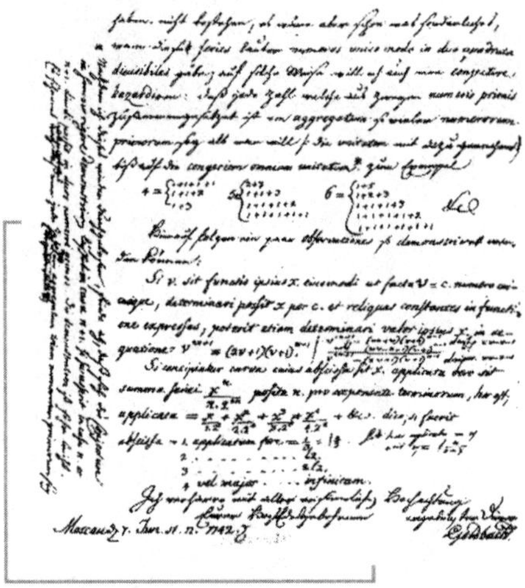

哥德巴赫猜想原稿

抗日战争刚结束后不久，福州市的一个中学“英华书院”来了一位知识渊博、诲人不倦的数学教师。在数学课上他给学生们讲了许多有趣的数学故事。有一次，他向学生们讲了“哥德巴赫猜想”的难题，并且说：“自然科学的皇后是数学，数学的皇冠是数论，‘哥德巴赫猜想’则是皇冠上的明珠。”这些话，深深地打动了学生陈景润的心，鼓舞着他立志要去摘取这颗明珠。有志者，事竟成。经过20多年的奋战，陈景润已经离拿下这颗明珠只差一步了。那么，这颗明珠到底是怎么回事呢？

200多年前，德国数学家彼得堡科学院院士哥德巴赫（1690～1764），曾以大量的整数做试验，结果使他发现：任何一个整数，总可以分解为不超过三个素数的和。但是，他不能给出严格的数学证明，甚至连证明该问题的思路也找不到。因此，1742年6月7日，他把这个猜想写信告诉了与他有15年交情，当时在数学界已享有盛誉的朋友欧拉。信中说：“我想冒险发表下列假定：大于5的任何整数，是三个素数之和”。欧拉经过分析和研究，在回信中说：“我认为每一个大于或等于6的偶数都可以表示为两个奇素数之和”。欧拉又进一步将这个猜想归纳为以下两点：

(1) 任何大于等于6的偶数都可以表示为两个奇素数之和。

(2) 每个不小于9的奇数都可以表示为三个奇素数之和。

我们可以利用一些具体的数字进行验算，看看欧拉上述两个猜想的正确性，如

$6=3+3$　　$18=11+7$

$8=3+5$　　$20=13+7$

$10=5+5$　　……

$12=5+7$　　$48=29+19$

$14=7+7$　　……

$16=13+3$　　$100=97+3$

以及

$9=3+3+3$

$11=3+3+5$

$13=3+3+7$

……

$27=3+11+13$

……

$103=23+37+43$

同时，欧拉的两个命题是有联系的，容易发现：第二个命题是第一个命题的直接推论，若第一命题正确，就能非常简单地推出命题二是正确的。

因为，假设命题一正确，我们设奇数 $A\geqslant 9$，则

$$A-3\geqslant 6$$

而且 $A-3$ 是偶数。

由命题一可知，必有两个奇素数 n_1、n_2，使得

$$A-3=n_1+n_2$$

所以

$$A=3+n_1+n_2$$

因此，命题二是正确的。

由此可见，命题一的正确性被证明了，“哥德巴赫猜想”也就彻底解决了。

哥德巴赫问题所以引起人们极大的关注并激励着不少人为解决这一难

题而奋斗一生，其原因就在于：若解决这样的问题就必须引进新的方法，研究新的规律，从而可能获得新的成果。这样就会丰富我们对于整数论以及整数论与其他数学分支之间相互关系的认识，推动整个数学学科向前发展。

1900 年著名德国数学家希尔伯特在国际数学会的演讲中，把哥德巴赫猜想看成是以往遗留的最重要的问题之一。1921 年英国数学家哈代在哥本哈根召开的数学会上说过，哥德巴赫猜想的困难程度可以和任何没有解决的数学问题相比。200 多年来，这个难题吸引了世界许多著名的数学家，他们付出了艰苦的劳动。虽然这个问题至今还没解决，但是进展很大，19 世纪数学家康托耐心地试验了从 2 到 1000 之内所有偶数命题——都对；数学家奥倍利又试验了从 1000 到 2000 以内所有偶数命题——也是对的。即他们二人连续验证了，在 2 到 2000 这个范围内，任何大于或等于 6 的偶数都可以表示为两个奇素数之和。

1911 年数学家梅利又指出从 4 到 9000000 之内绝大多数偶数都是两个奇素数之和（即他共验证了 4499986 个偶数命题是正确的，只有 14 个偶数他没能验证出来）。后来更有人一直验算到了 3.3 亿，都表明哥德巴赫猜想是正确的。上述一些数学家们虽然做了大量的工作，但都没有离开验算的轨道。

1923 年两位英国数学家哈代和李特伍德在解决哥德巴赫问题的探索中得到新的进展。他们虽然没有解决这个难题，但是却使这个问题与高等数学中的解析因数论建立了联系。一方面为解决这个问题搭了第一座桥，使哥德巴赫问题解决的途径从验证阶段踏上了解析证明的新征程；另一方面在两个不同的学科间发现了微妙的联系，从而会引伸出许多新的发现，为制定新的理论打下基础。

直到 1930 年，这个难题才有了决定性的转折，苏联青年数学家西涅日耳曼（1905～1938）采用筛法和数列密度法证明了“任一大于等于 9 的自然数，一定可表示为不超过 300000 个奇数之和”（注意：任一大于 9 的自然数，上述定理都成立，则任一大于 9 的偶数，上述定理当然也成立）。这个结果与哥德巴赫猜想相比，似乎非常滑稽可笑，然而，正是这个定理为证明哥德巴赫问题找到了新的方法。西涅日耳曼感到要从哥德巴赫问题的原来形式去证明是徒劳的。因为，一个能表示成几百个素数之和的数，未必能表示成三个或两个素数的和，可是一个数若能表示成一百个素数的和的问题得证，就能使一个数表示成三个或两个素数之和的问题的证明变得容易了。在数学上为了证明某个命题，常常需要把它变化一下形式，即变成它的等价命题或者是放低要求的命题。新命题证完，原命题立即得证或者容易得证。

西涅日耳曼提出：是否存在一个完全确定的，但又是尚未知道的整数，使任何自然数都可表示成不超过 C 个素数和的形状？换言之，不论 N 是怎样的自然数，总可以将它写成

$$N = P_1 + P_2 + P_2 + \cdots + P_n$$

的形状。其中 P_i（$i = 1, 2, \cdots n$）均是素数，而 n 一定是小于 C（至多等于 C）的整数。若能证明 $C = 2$，那么，哥德巴赫问题就能证明了。西涅日耳曼开拓了这条新路，找到了解决老问题的新方法，受到人们的称赞，并把 C 称为西涅日耳曼常数。有开拓者就有后继人，后来又有不少数学家把 C 这个数降到 67，也就是不论怎样大的偶数，都可以表示为至多是 67 个素数之和的形式。

1937 年苏联另一位数学家维诺格拉道夫，把西涅日耳曼常数又降到 4，之后又凭借他自己创立的一种新的数学方法——估计指数和的方法，证明了：每一个充分大的奇数都一定可以表示为三个奇素数之和，将哥德巴赫猜想的第二个命题解决了。正是由于维诺格拉道夫创造了新的数学方法，解决了“半个”世界著名难题所取得的巨大成就，被授予社会主义劳动英雄的称号，并获得了斯大林奖金。

我国对这个问题的研究也有很长的历史，并且也取得了不少研究成果。这是非常值得我们自豪的。

大家非常熟悉的我国著名数学家华罗庚教授，早在 20 世纪 30 年代就开始这项研究工作，并取得了一定的研究成果。新中国成立后，在华罗庚、闻嗣鹤两位教授的指导下，我国一些年轻的数学家不断地改进筛法，对哥德巴赫猜想的研究，取得了一个又一个可喜的研究成果，轰动了国内外的

数学界。

我国青年数学家陈景润在研究哥德巴赫问题上，有着惊人的毅力和顽强的精神。1965 年苏联数学家维诺格拉道夫、布赫斯塔勃和意大利的朋比利又证明了：偶数 = （1 +3）。这个结果在当时已经是很了不起的成就了。然而，陈景润还是不畏劳苦地攀登着。由于他精心的分析和科学的推算，不断地改进“筛法”，大大地推进了哥德巴赫问题的研究成果，取得了世界上领先的地位。1973 年他终于证明：每一个充分大的偶数，都可以表示成一个素数及一个不超过两个素数乘积的和，即：

偶数 = （1 +2）

若把两个素数乘积变成一个素数即：

偶数 = （1 +1）

这样，哥德巴赫问题——这颗皇冠上的明珠就要被摘下来了。

陈景润的成就，在国内外引起了高度的重视。我国数学家华罗庚和闻嗣鹤都曾高度评价他的研究成果。英国数学家哈伯斯坦和西德数学家黎希特合著的《筛法》一书，原有十章，付印后又见到陈景润的（1 +2）的成果，感到这一成就意义重大，特为之添写了第十一章，标题叫做“陈氏定理”。

哥德巴赫猜想离彻底解决仅一步之差了。但是，这即将登上顶峰的最后一步，也是极端困难的一步。不过看到陈景润的研究成果，看到我国数学才能卓著的年轻人不断涌现，看到广大科学家为攻克一个个堡垒而表现出来的顽强毅力，相信，登上顶峰、走完这艰苦的一步，肯定是为期不远了。

奇妙丰富的数

一些奇妙的数学关系

大家都知道 $(8+1)^2=81$。如果你留心这些数字的构成关系，自然会再想一想，还有没有类似的情况。比如：$(5+1+2)^3=512$；$(4+9+1+3)^3=4913$；$(5+8+3+2)^3=5832$；$(1+7+5+7+6)^3=17576$；$(1+9+6+8+3)^3=19683$；$(2+4+0+1)^4=2401$；$(2+3+4+2+5+6)^4=234256$；$(6+1+4+6+5+6)^4=614656$。此外，某些整数的乘积有一些奇妙性质。如 $86\times8=688$，其乘积恰好是把 86 中的 6 和 8 分别放在乘数的前面和后面，只不过是把 86 的先后顺序颠倒一下。$83\times41096=3410968$，很容易看出是把 3 和 8 分别放在 41096 的前面和后面。类似 83 这样的数，除去 86 外，还有 71。这些数位带有神奇特点。

哪些数字能被 3、9、11 整除

一个整数，判断它能否被 3 和 9 整除，一个简单的办法是：把它的各位数字相加，其和是 3 或 9 的倍数，那么这个数便可以被 3 或 9 整除。如 4782 各位数字之和是 $4+7+8+2=21$，21 能被 3 整除，但不能被 9 整除，这表明 4782 是 3 的倍数，不是 9 的倍数。如 762813 各位数字之和是 $7+6+2+8+1+3=27$，可以被 9 整除，这表明 762813 是 9 的倍数。

而判断一个整数能否被11整除，就相对难一些了。如果一个整数，它的奇位数字之和与偶位数字之和的差是11的倍数，便能被11整除，否则便不能被11整除。如198、2573、364925，由（1+8）-9=0；（5+3）-（2+7）=-1；（6+9+5）-（3+4+2）=11，这说明198和364925能被11整除；而2573则不能被11整除。如若不信，你不妨试一试，看是否如此。

0.618——具有无限美感的数字

0.618这个数值，数学史上称为黄金分割数或黄金比。下面是与0.618有关的一些事物，可见其美感色彩之一斑。

建筑物的门、窗通常均设计为长方形，其短边占长边的比值均为0.618，给人以一种稳定、和谐的感觉；著名的埃菲尔铁塔第二层平台的下面与上面的比，雄伟的多伦多电视塔阁覆楼的上部与下部长度的比也均为0.618；埃及基沙的第一座金字塔，高146米，底部边长230米，比值也与0.618相近，从而给人以雄伟壮丽、气势磅礴之感；意大利人斐波那契发现，一般人肚脐以上与肚脐以下的长度比约为0.618，此外，头顶至咽喉的长度与咽喉至肚脐的长度比，以及膝盖至脚底的长与膝盖的长的比也是0.618。并不是所有的人都完全符合这个比值，但凡符合者都能给人以体态轻盈匀称之感。还有人发现，二胡的千斤放在琴弦长度的0.618处音色优美；冬季室温在23℃左右，居住者感觉舒适，其与人体体温的比值也恰恰接近0.618。真是神奇的0.618。

在没有“0”之前

符号“0”起源于古印度，早在公元前2000年，印度一些古文献便有使用“0”的记载。在古印度，“0”读作“苏涅亚”，表示“空的位置”的意思。可见，古印度人把一个数中缺位的数字称为“苏涅亚”。之后“0”这个数从印度传入阿拉伯，阿拉伯人把它翻译成“契弗尔”，仍然表示“空位”的意思。后来，又从阿拉伯传入欧洲。直到现在，英文的“cipher”仍为“0”的含义。

我国古代没有“0”这个数码。当遇到要表示“0”的意思时，也遵照很多国家和民族的通用办法，采用“不写”或“空位”的办法来解决。如把118098记作“十一万八千□九十八”，把104976记作“十□万四千九百七十六”。可见，当时是用“□”表示空位的。后来，为了书写方便，便将“□”形顺笔改作“0”形，进而成为表示“0”的数码。根据史料记载，到南宋时期，当时的一些数学家已开始使用“0”来表示数字的空位了。

零就是无吗

数学上的“零”是对任何定量的否定，表示没有。但从辩论观点来看，它又具有丰富的内容：

1. 在十进制记数中，把它放在一个自然数的右边，就使该数成10倍、100倍、1000倍的增大；在一个近似数（小数）的最右边放上0，表示这个近似数的精确度。如0.650表示精确到千分位，而0.65则表示精确到百分位。

2. 零是正数与负数之间的界限，既不是正数，又不是负数，是唯一真正的中性数。

3. 在代数运算中，一个方程的实质，只有当方程所有项都移到一边，而另一边为零时，才能清楚地显现出来。

4. 在解析几何中，零是一个特定的坐标原点，它决定着其他点的选取和性质。

5. 在现实生活中，零还有开始的意思，比如我们常说的“一切从零开始”，又比如过年时，除夕的晚上12点钟又称为零点，这便是一年开始的意思。我们常听的天气预报，总是说零下几度、零上几度，零在这里表示一定的临界。总之，零的用处有许多。随着知识的越来越多，你还会发现零的许多其他妙用呢！

十进制与人的10个手指头

人的手指头有时候是最好的计算个数的工具。当你数完8、9、10就该数11了，11就是10加上1，这叫做十进位制的记数方法。但你可曾知道，十进位制的来历是因为人长有10个手指头。

古时候，人类还没有发明文字，也没有算盘，计算物品的数目都是靠人的10个手指头。但是，用手指头记数的时候，最多能记到10。大于10的数就需要做个记号，用绳子打上结，打几个结表示几个；或者在石头、木头上画道，画几道表示几个。然后再扳着手指头从头数起，数到10时，再做个记号。然后还是扳着手指头从头数起……这样也就逐渐形成了记数的十进位制。

所以，人的手指的数目在人类数学文化的发展中起了相当重要的作用。

电话号码中的学问

电话号码是一种代码，它是由数字组成的。每一部电话机都要有一个代号，不能和别的电话一样，这样打电话才不会打错。不同的国家和地区，电话号码的位数也不尽相同，这其中还有一些学问在里边。

如果用一位数字做代号，从0到9只能有10个不同的号码，再多就会重复。要是用两位数字做代号，把两位数颠来倒去地排，比如12、21、13、31……这样只可以安装100部电话。要是用三位数字，就可以排出1000个代号，那就能安装1000部电话。要是用六位数字就可以排出100万个代号。在大的城市或地区，需要安装很多很多电话，现在连六位数都不够用，已经有七位、八位数字的电话号码。而且，在很多单位里，一个电话号码的总机下面又带有很多分机。

其实，随着数字位数的升高，可以排出的号码增加是利用了数学中的排列组合原理。

为什么篮球队里没有1、2、3号队员

熟悉篮球运动的人都知道，在篮球队里，是没有1、2、3号这三个号码的队员的。这是为什么呢？

原来，篮球队里没有1、2、3号队员的原因主要是与比赛中裁判员的手势有关。在球类比赛中，罚球的情况比较多，篮球比赛也不例外。在篮球赛中，一次最多要罚三次球。当需要罚一次球时，裁判员要举起右手并伸出一个手指；罚两次球时伸出两个手指；罚三次球时伸出三个手指。但是，当一方球队的队员在比赛中犯规时，裁判员也要伸手指来表示犯规队员的号码。所以，为了避免引起误会，篮球队员的号码便从4号开始了。

在我们人类的一切活动中，包括体育运动，用手指示数是一种最简单明了的方法。但有时这种表示方法所表达的含义是很有限的。所以，当容易产生误会时，只好更换表达方式或是舍去不用，就像篮球队里舍去1、2、3这三个号码一样。

数的家族

1、2、3、…；1/2、4/5、11/3、…；－3、－8、－11、…；2、π、e、…这些各种各样的数，都有自己的“身份”，它们共同组成数的家族。

第一组成员是正整数。小时候扳手指头学会的1、2、3、…就是正整数。这也是我们祖先最早认识的数。

第二组成员是分数。5个人分3个苹果，古人最初是这样做的：把一个苹果分成相同的五份，每人取一份，即1/5；对另两个苹果做同样的分配，最后每个人得到3个1/5，即3/5。分数的记载最先出现在4000多年前的古埃及纸草书中。

零的出现比较晚。在公元前200年，希腊人已有零号的记载。

负数在中国的西汉时期已经萌芽，并最先作为数学的研究对象出现在

公元1世纪的《九章算术》中。

正整数、零和负整数就构成了全体整数。正分数和负分数构成了全体分数。整数和分数又统称为有理数。每个有理数都可以表示成两个整数的比。不能表示成两个整数的比的数称为无理数。无理数要比有理数多得多。有理数和无理数又统称为实数。这就是整个数的家族。

奇特的自然数

0、1、2、3、…这些人人熟悉而又简单的自然数，有着许多奇妙有趣的性质。

三位数也有奇妙的性质。任取一个三位数，将各位数字倒着排出来成为一个新的数，加到原数上，反复这样做，对于大多数自然数，很快就会得到一个从左到右读与从右到左读完全一样的数。比如从195开始：195 + 591 = 786　786 + 687 = 1473　1473 + 3741 = 5214　5214 + 4125 = 9339。

只用四步就得到了上述结果。这种结果称为回文数或对称数。但是，也有通过这个办法似乎永远也变不成回文数的数。其中最小的数是196，它是被试验到5万步，达到21000位时，仍然没有得到回文数。在前10万个自然数中，有5996个数像196这样似乎永远不能产生回文数，但至今没有人能证实或否定这一猜测。在研究数的各种性质中，有许多既有趣又困难的问题，科学家们正努力加以解决。

小数的历史

有了小数之后，记数就更方便了。如圆周率近似值3.1416，若用分数表示，就得写成3927/1250，很麻烦。有位著名的美国数学史家说："近代计算的奇迹般的动力来自三项发明：印度记数、十进分数（小数）和对数。"

在西方，一般认为小数是比利时数学家斯蒂文发明的。但最早使用现代意义的小数点的是德国数学家克拉维斯。

实际上，早在斯蒂文发明小数点之前很久，中国、印度和中亚就已经使用十进分数了。

公元3世纪，我国魏晋时期刘徽的《九章算术》中，有三处运用了十进分数的思想：十一万八千二百九十六二十五（118296.25），八十九三（89.3），一百一十九十二（119.12）。这种写法和西方直到19世纪仍在流行的小数记法，几乎完全相同。到了宋元时期，更有下列论法：中亚的阿尔卡西是世界上除中国人之外第一个应用十进分数的。他的用法体现在他1427年的《算术之钥》一书中。

不论是东方还是在西方，对小数的认识都经过了几百年甚至上千年的演变。

负数的产生

今天人们都能用正负数来表示相反方向的两种量。例如以海平面为0点，世界上最高的珠穆朗玛峰的高度为+8844.43米，最深的马里亚纳海沟深度为-10911米。在日常生活中，则用“+”表示收入，“-”表示支出。在历史上，负数的引入经历了漫长而曲折的历程。

古代人在实践活动中遇到了一些问题，如相互间借用东西，对借入和借出双方来说，同一样东西具有不同的意义。分配物品时，有时暂时不够，就要欠一定的数量。再如从一个地方，两个人同时向两个方向行走，离开出发点的距离即使相同，但两者又有不同的意义。久而久之，古代人意识仅用数量表示一事物是不全面的，似乎还应加上表示方向的符号。为了表示具有相反方向的量和解决被减数大于减数等问题，逐渐产生了负数。

中国是世界上最早认识和应用负数的国家。早在2000年前的《九章算术》中，就有了以卖出粮食的数目为正（可收钱），买入粮食的数目为负（要付钱），以入仓为正，出仓为负的思想。这些思想，西方要迟于中国八九百年才出现。

虚数不虚

“虚数”这个名词，听起来好像“虚”，实际上却非常“实”。

虚数是在解方程时产生的。求解方程时，常常需要将数开平方。如果被开方数不是负数，可以算出要求的根；如果是负数怎么办呢？譬如，方程 $x^2+1=0$，$x^2=-1$，$x=\pm\sqrt{-1}$。那么 $\sqrt{-1}$ 有没有意义呢？1637 年，法国数学家笛卡尔开始用“实数”、“虚数”两个名词。1777 年，瑞士数学家欧拉开始用符号 $i=\sqrt{-1}$ 表示虚数的单位。而后人将实数和虚数结合起来，写成 $a+bi$ 形式（a、b 为实数），称为复数。

由于虚数闯进数的领域时，人们对它的实际用处一无所知，在实际生活中似乎也没有用复数来表达的量，因此在很长一段时间里，人们对虚数产生过种种怀疑和误解。笛卡尔称“虚数”本意是指它是虚假的；莱布尼兹在公元 18 世纪初则认为：虚数是美妙而奇异的神灵，它几乎是既存在又不存在的两栖动物。挪威一个测量学家维塞尔提出把复数 $a+bi$ 用平面上的点（a、b）来表示。后来，高斯又提出了复平面的概念，终于使复数有了立足之地。现在，复数一般用来表示向量（有方向的数量），这在水利学、地图学、航空学中的应用是十分广泛的。虚数越来越显示出其丰富的内容，真是“虚数不虚”。

无限大与无限小的概念

无论是实数还是复数，都有确定的量值。换句话说就是我们通常碰到的事物是有限的，总可以用这些数来计量的。

人类在长期认识过程中，又逐渐产生两个新的概念。最早的时候，人们将整个宇宙理解为地球，航海学测量地球半径为 6370 千米，对人来说，那是一个非常大的数。16 世纪，哥白尼的“日心说”又将宇宙扩大到以太阳为中心的太阳系，太阳系的半径为 60 亿千米，约是地球半径的 94 万倍。地球与之相比只是苍海一粟。随着科学技术的发展，人们借助射电望远镜，又将宇宙范围扩展到银河系、星系团、超星系团以至总星系。这些星系的半径都是数百万光年（光年即光走一年的路程，大约94600亿千米）以上，这个数字简直是无法把握的。这样就出现了无限大的概念，数学上记为∞。它的含义是比任何实数都大的数，这个数当然是虚拟的，不是一个确定的数。

在微观世界，人类的认识也从分子到原子，从原子到原子核，原子核直径约为10^{-15}厘米，原子核还可以分解为质子、中子，它们的直径更小。这一分解过程得以无穷尽地进行下去，这样就带来了无限小的概念。

无限大、无限小的含义已经涉及数的变化趋势了，这里从确定量到变量过渡中产生的数，是微积分的基础。

有理数与无理数的探索

平易近人的有理数

以正有理数来说，0表示什么也没有或出发点，自然数列0、1、2、3、…，表示从1开始一个一个地多起来；或者说从0开始，每个整数有唯一的一个“后继”，这些都是我们日常数物件（例如清点教室里有几张桌子）时的自然概念。而分数，例如表示把一块饼平均切成9小块，取其中4小块的部分之多少等等。可见有理数是可以看得到，容易理解的数量，所以当初数学上命其名为“有理”数。

如果把有理数用十进制（二进制等也是这样）表示，用有限个数字即可表达，例如30^{30}，1.5，0.1989等等。它们能方便地用可视的有限数字精确地表示出来。

有理数集合中的数可以编号，谁是1号有理数，谁是2号有理数等等，可以人为地加以指定。下面给出一种编号方案，我们把以q为分母的既约分数$\frac{p}{q}$（$p>0$，$q>0$）排成无穷的方阵，每横行分母一致，分子从小到大排列，方阵中囊括了一切正有理数，再按所示的次序来编号，1编成1号，2

为2号，$\frac{p_{11}}{2}\left(=\frac{1}{2}\right)$是3号等等，于是每个正有理数迟早都会获得唯一的一个指定的号码。再把0编成0号，把这些号码皆乘以2，把得到的新号码$2k$（皆偶数）减1所得的奇数码赋予与带有$2k$码的那个有理数相反的数，例如$\frac{1}{2}$的号码是3，$2\times3=6$，$6-1=5$则是$-\frac{1}{2}$的号码，如此，全体有理数皆编了序号0，1，2，…。与全体无理数相比（下面要细讲无理数不可编号），有理数全体的这种可以有序化或曰“可数性”是有理数名符其实的一个“有理”的表现。

神出鬼没的无理数

无理数也有无穷多个，例如

$$0.112123\cdots\underbrace{123\cdots k\cdots}_{k\text{个相异数}} \quad (1)$$

是一个无理数a_1，它无限又不循环。若把（1）中的数字1全擦掉则得a_2，a_2也是无理数，把a_2中的数字2全擦掉，则得无理数a_3，如此可以得出无穷个无理数，这部分无理数a_1，a_2，…，a_n与全体有理数可以一一对应，a_1与0号有理数是一对，a_2与1号有理数是一对，…，α_{k-1}与k号有理数是一对，可见无理数的一部分已经和全体有理数一样多。

无理数们的这种不可数性是它们的一种“无理”表现。从无理数不可数（编号）可知无理数比有理数多得多，通俗地说，有理数可以一个一个地数，而无理数则多得不可胜数。

有理数是米，无理数是汤

如果把实数轴（集）比喻成一锅黏稠的粥，则可数的有理数们是一粒粒离散的米粒，它们在数轴上处处稠密，事实上，若γ_0是一个实数，设γ_0是有理数，则γ_0的任意近旁，$\gamma_0\pm\frac{1}{n}$（$n\geqslant1$，$n\in N$）是两个有理数；若γ_0是无理数，则

$$\gamma_0=\overline{\gamma}_0+0.\overline{\beta}_1\overline{\beta}_2\cdots\overline{\beta}_n \quad (3)$$

其中 $0.\bar{\beta}_1\bar{\beta}_2\cdots\bar{\beta}_n$ 是无理小数，$\bar{\gamma}_0$ 是有理数，于是

$$\gamma_0{}' = \gamma_0 + 0.\bar{\beta}_1\bar{\beta}_2\cdots\bar{\beta}_n \qquad (4)$$

是 γ_0 近旁的一个有理数，$|\gamma_0 - \gamma_0{}'| < \frac{1}{10^n}$。可见数轴上任一点的任意近旁都有有理数存在，即有理数处处稠密。类似地可知无理数在数轴上处处稠密。有理数们处处稠密地离散地浸泡在无理数的“汤”里。

具有神秘色彩的“9”

爱因斯坦出生于 1879 年 3 月 14 日，把这些数字连在一起，就成了 1879314。重新排列这些数字，任意构成一个不同的数，例如 3714819，在这两个数中，用大的减去小的（3714819 − 1879314 = 1835505）得到一个差数。把差数的各个数字加起来，如果是两位数，就再把它的两个数字加起来，最后的结果是 9（即 1 + 8 + 3 + 5 + 5 + 0 + 5 = 27，2 + 7 = 9）。实际上，把任何人的生日写出来，做同样的计算，最后得到的都是 9。

把一个大数的各位数字相加得到一个和；再把这个和的各位数字相加又得到一个和；这样继续下去，直到最后的数字之和是一位数字为止。最后这个数称为最初那个数的“数字根”。这个数字根等于原数除以 9 的余数，这个过程常称为“弃九法”。求一个数的数字根，最快的方法是加原数的数字时把 9 舍去。例如求 385916 的数字根，其中有 9，且 3 + 6，8 + 1 都是 9，就可以舍去，最后剩下 5 就是原数的数字根。

由此我们可以解释生日算法的奥妙。假定一个数 n 由很多数字组成，把 n 的各个数字打乱重排得到 n'，显然 n 和 n' 有相同的数字根，即 $n - n'$ 一定是 9 的倍数，它的数字根是 0 或 9，所以，只要 $n \neq n'$，$n - n'$ 累积求数字和所得的结果就一定是 9。

友好的亲和数

亲和数又叫友好数，它指的是这样的两个自然数，其中每个数的真因

子和等于另一个数。据说曾有人问毕达哥拉斯（公元前6世纪的古希腊数学家）："朋友是什么？"他回答："就是第二个我，正如220与284。"为什么他把朋友比喻成两个数字呢？原来220的真因子是1、2、4、5、10、11、20、22、44、55和110，加起来得284；而284的真因子的1、2、4、71、142，加起来恰好是220。284和220就是友好数，它们是人类最早发现的又是所有友好数中最小的一对。

第二对亲和数（17296，18416）是在2000多年后的1636年才发现的。之后，人类不断发现新的亲和数。1747年，欧拉已知道30对。1750年又增加到50对。到现在科学家已经发现了900对以上这样的亲和数。令人惊讶的是，第二对最小的友好数（1184，1210）直到19世纪后期才被一个16岁的意大利男孩发现。

人们还研究了亲和数链：这是一个连串自然数，其中每一个数的真因子之和都等于下一个数，最后一个数的真因子之和等于第一个数。如12496，14288，15472，14536，14264。有一个这样的链竟然包含了28个数。

有趣的素数

素数是只能被1和它本身整除的自然数，如2、3、5、7、11等等，也称为质数。如果一个自然数不仅能被1和它本身整除，还能被别的自然数整除，就叫合数。1既不是素数，也不是合数。每个合数都可以表示成一些素数的乘积，因此素数可以说是构成整个自然数大厦的砖瓦。

许多素数具有迷人的形式和性质。例如：

逆素数：顺着读与逆着读都是素数的数。如1949与9491，3011与1103，1453与3541等。无重逆素数，是数字都不重复的逆素数。如13与31，17与71，37与73，79与97，107与701等。

循环下降素数与循环上升素数：按1~9这9个数码反序或正序相连而成的素数（9和1相接），如43，1987，76543，23，23456789，1234567891。现在找到最大一个是28位的数：1234567891234567891234567891。

由一些特殊的数码组成的数，如 31，331，3331，33331，333331 以及 3333331，33333331 都是素数。

素数研究是数论中最古老、也是最基本的部分，其中集中了看上去极简单，却几十年甚至几百年都难以解决的大量问题。

为什么 1 不是素数

全体自然数可以分成三类：一类是素数（也叫做质数），如 2、3、5、7、11、13、17、…；另一类是合数，如 4、6、8、9、10、…；“1”既不是素数，也不是合数，而是单独算一类。素数只能被 1 和它本身整除，而合数还能被其他的数整除。例如合数 6，除了能被 1 和 6 整除以外，还能被 2 和 3 整除，所以，把素数和合数分成两类的理由很充足。“1”也只能被 1 和它本身整除，为什么不是素数呢？如果把“1”也算作素数，那么，自然数只要分成素数和合数两类，岂不更好吗？

要回答这个问题，得先从为什么要讲素数谈起。比如说，3003 能够被哪些数整除？也就是说，3003 的因子有哪一些？当然，我们可以把 1 到 3003 的各数一个一个地考虑一番，但是，这样做十分费事。我们知道，合数都可以由几个素数相乘得到，把一个合数用素因子相乘的形式表示出来，叫做分解素因子。显然每一个合数都能够分解素因子，而且只有一种结果。就拿 3003 来说，分解素因子的结果是：$3003 = 3 \times 7 \times 11 \times 13$。现在我们再来看看，为什么不把 1 算作素数？

如果“1”也算作素数，那么，把一个合数分解成素因子的时候，它的答案就不只一种了。也就是说，我们在分解式里，可以随便添上几个因子“1”。这样做，一方面对于求 3003 的因子毫无必要，另一方面分解素因子的结果不止一种，又增添了不必要的麻烦，因此，1 不算作素数。

对数的发现

对数的第一个发明者是纳皮尔。他从大约 40 岁开始研究对数。当时

（约 1590 年）欧洲代数学十分落后，连“指数”、“底数”这些概念还没有建立，可纳皮尔却首先发明了对数，这不能不说是数学史上的一个奇迹。

关于对数的问题，纳皮尔是这样考虑的：设线段 TS 长度为 a，$T'S$ 是一条射线。质点 G 从 T 开始作变速运动，其速度与它到 S 的距离成正比。质点 L 从 T' 开始作匀速运动，其速度与 G 的初速相同。当 G 运动到 H 点时，L 运动到 D 点，设 $GS=x$，$T'L=y$，纳皮尔称 y 为 x 的对数。纳皮尔从几何角度引入了对数的概念，但为了方便计算，应加以改进。可惜改进计划还没开始，纳皮尔就离开了人世。

纳皮尔没有完成的宏伟事业，由 56 岁的布里格斯继承下来。他对纳皮尔的对数表作了很大的改进。第一，他把纳皮尔只限于三角函数的对数值改为一般数的值的对数，扩大了应用范围；第二，以 10 为底，方便计算。1624 年，布里格斯出版了《对数算术》一书，载有 1～20000 以及 90000～100000 的 14 位常用对数表，这是世界上第一个常用对数表。在布里格斯去世后，荷兰数学家弗拉克补齐了从 20000～90000 部分的对数，弗拉克的对数是 10 位对数表，到 1794 年又出现 7 位对数表。

有趣的数字——7

在人们的日常生活中，频频遇到“7”，但没有人注意，“7”是个有趣的数字。

柴米油盐酱醋茶囊括了人们的生活必需品，喜怒哀乐悲惊恐表达了人们七情。佛教中的“七级浮屠”，变化莫测的“七巧板”，音乐中的“七音阶”，人体中的“七窍”，地球上的“七大洲”，每周的“七天”，颜色中的“赤橙黄绿青蓝紫”，天文中的二十八宿的东西南北四方的“七宿”。

我国古代文学作品的“七”更多。西汉权乘的《七发》诗，之后桓麟的《七说》、桓彬的《七设》、傅毅的《七激》、刘广的《七兴》、崔骃的《七依》、崔琦的《七蠲》、张衡的《七辩》、马融的《七广》、刘梁的《七举》、五粲的《七驿》、徐干的《七喻》、刘勰的《七略》。传说中的“七仙女”、“七夕相会”、“七擒孟获”等数不胜数。

为什么都喜欢用“七”呢？美国心理学家米勒教授认为，每个人一次记忆的最大限度是七，超过这个限度，记忆效率开始下降。因此，米勒把“七”称为“不可思议的数字”。

“2”的妙用

（1）从前农村中遇到红白喜事，要用很多碗和盘子，而一家又没有那么多。大家集资买了很多碗和盘子，由一人保管，谁家有红白喜事可以借用，用后立即归还，很是方便，时间长了，保管的人感觉到，每次借还数数很麻烦，他想了一个方法，不用数即可付给你要借的盘子数，例如有1000个盘子，他分装在10个箱子中，并把箱子从1～10编上号，这10个箱子装的盘子数依次为1，2，4，8，16，32，64，128，256，512。这样不论你借多少，只要按号搬箱子即可。例如借50个盘子，2+16+32=50，搬2，5，6号箱子即可；要借80个盘子，64+16=80，搬5，7号箱子就行了。你可以试一试能否如愿以偿。

（2）一只猫捉到一只老鼠并不立即吃掉，而要等到捉到一批老鼠时再吃。这只猫吃老鼠还有一个习惯，将老鼠排成一行，只吃单数的老鼠，剩下的再排成行吃单数的，剩下一只老鼠就不吃了，重新捉老鼠，等到捉了一批后，再开始吃，这样反复了许多次之后，这只猫突然发现总有一只小白老鼠每次都吃不上，最后剩下的老鼠总是这只小白老鼠。那么这只小白老鼠究竟站什么位置上，最后才不被吃掉呢？

要想搞清楚这个问题，首先看一下猫吃老鼠的方法。这只猫总是吃一行中的单数，即每次除以2，小白老鼠只要站在除以2尽量多的位置上，即2^n上，最后$2÷2=1$，剩下1就不会被猫吃掉，例如猫捉的老鼠少于8只，小白老鼠站在2^2上；等于8只，站在2^3上；超过8只少于16只，还站在2^3上；16只以上不到32只，站在2^4上；……这样小白老鼠永远不会被猫吃掉。

（3）有一个牧童放了一群羊，在回家的路上，每过一个关卡，守关卡的人总要留下牧童一半的羊，牧童不答应，守关卡的人再给牧童一只羊就让牧童过关卡走了，这样，牧童连续过了 10 个关卡，都是留下一半再给一只羊，让牧童过关卡去。最后牧童还剩下两只羊，问牧童一共有多少只羊？

设牧童有 x 只羊，依题意，有

第一关还剩 $\frac{1}{2}x+1=\frac{x+2}{2}$

第二关还剩 $\frac{1}{2}\cdot\frac{x+2}{2}+1=\frac{x+2+4}{2^2}$

$\vdots$

第十关还剩 $\frac{x+2+2^2+\cdots+2^{10}}{2^{10}}$

$\therefore \frac{x+2+2^2+\cdots+2^{10}}{2^{10}}=2$

解之，得 $x=2$

所以，这个牧童共有 2 只羊。

西方人忌讳的数字——13

外国人非常厌恶 13 这个数字。旅馆里没有 13 号房间，学生在考场上拒绝坐 13 号座位，海员们拒绝在 13 号这天启航出海，餐桌上不愿意 13 个人同时就餐。

这到底是什么原因呢？据考证，主要有三种根源：

（1）原始人只会以 10 个手指和 2 只脚来计数，最多是 12，于是 13 成了不可知的可怕数字。

（2）希腊神话中，“英灵之宴”传说原来有 12 个半人半神聚宴，后来破坏与灾难之神洛基不邀自来，成为 13 个人。结果在宴会中，令敬爱的包尔达神不幸被杀死，13 从此成了不吉利的标志。

（3）耶稣基督和他的 12 个门徒聚餐，其中第 13 个人便是犹大。吃完最后的晚餐后，耶稣说被犹大出卖。13 成了一个不祥的数字。

“T”形数

在我们科学技术如此发达的今天，大数已经不足为奇了。比如，假设美利坚合众国的预算大约是每年一万亿元。一旦我们在脑海中建立了一万亿是多大的数目，那么我们只要略加想象就能知道一万亿个一万亿是怎样一个数目。为了使我们在说这些数的时候不致结结巴巴，让我们设一万亿为 $T-1$，一万亿个一万亿为 $T-2$，用这个办法构成一些大数——T 形数。

这样一来，根本用不到 $T-2$ 就早已把美国财政方面的应用全部包括进去了。再看看它在其他方面的应用。在物理学中，质子和中子统称为核子。$T-1$ 个核子所构成的质量是极小的，即使用最好的光学显微镜也远远看不到。而 $T-2$ 个核子也只能构成 1 克重的物质。由于 $T-3$ 是 $T-2$ 的一万亿倍，故 $T-3$ 个核子就能构成一万亿克的物质。事实上，T 形数的增加速度让我们吃惊。$T-4$ 个核子相当于地球上所有海洋的质量，$T-5$ 个核子相当于一千个太阳系的质量。如果继续增加上去，$T-6$ 个核子就相当于一万个银河系大小的质量，$T-7$ 个核子的质量要远远地、远远地超过整个宇宙的质量。

罗马数字，忘掉它吧

阿拉伯数字在中世纪全盛时期传入了欧洲，这使罗马数字几乎失去了一切可能的用途。阿拉伯数字不知要比它们胜过多少倍。为了表达用罗马数字来计算的方法，不知用去多少纸张。而从此之后只需 1% 的纸，就可完成同样的计算。

的确，在西方的许多国家曾一度使用罗马数字表达换算的东西。在“布的度量”上，2 英寸是 1 奈尔，12 奈尔等于 1 个佛兰芝埃尔，1 个英国埃尔等于 29 奈尔（45 英寸），1 个法国奈尔等于 24 奈尔（54 英寸）；如果测量距离，712/100 英寸等于 1 令克，25 令克等于 1 杆，4 杆等于 1 测链，10 测链等于 1 佛浪，8 佛浪等于 1 英里；计量啤酒时，最常用 2 品脱等于 1

奈脱，而4奈脱等于1加仑，8加仑等于1小桶，2小桶等于1琵琶桶，$1\frac{1}{2}$琵琶桶等于1中桶，2琵琶桶等于1大桶。

你能弄清楚以上那些换算关系吗？我们的数制既然已经很牢固地以十为基数，那么，当今世界上的单位比率也没必要搞得这样变化多端。忘掉旧的和无用的知识，无疑就跟学习新的有益的知识一样重要。所以，让我们忘掉这些罗马数字。

我们历年的日

我们最早的计时单位无疑是日，甚至最原始的人也不得不意识到它。

原始的人类是用月相周期来计时的。一个月相周期为“太阳月”。太阳月大约等于29.5日。季节的循环称为“年”，12个太阳月组成一个“太阳年”，一个太阳年大约354.37日，这就是所谓的“太阳历”。

但是，经天文学家的研究表明，太阳历与季节的循环不相匹配。巴比伦的天文学家在有史时期之初就已知道：太阳沿黄道带运转一圈大约要365日，因此，太阳年季节循环或“太阳年”要短大约11日。三个太阳年就落在季节循环后面整整一个月还多一点。

我们现在的历法是从埃及继承过来的，采用了长度固定的365日为一年的“太阳历”。太阳历还保持了12个月的传统。365日的年恰为52个星期零1日。这就是说，如果这一年的2月6日是星期日，则在次年是星期一，再过一年是星期二，余此类推。

如果只有365日的年，则任一给定的日子都将按部就班地经历一星期的每一天。然而，当一年有366日时，那么，这一年的长就是52个星期零2日；如果这一年2月6日是星期二，则下一年是星期四，跳过了星期三。由于这个原因，366日的年称为闰年，2月29日称为闰日。

在寻找质数公式的崎岖道路上

普耶尔·费尔马（1601～1665）是个法律学家，也是他的故乡——法国土鲁兹城的著名社会活动家。尽管他是在业余时间里研究数学，可是他的法学才能远远不如他的数学才能驰名。他在世时没出版过什么著作。他死后，他的儿子才将他的数学遗稿整理出版。

费尔马几乎与他同时代的所有著名数学家都有联系和交往。他和笛卡尔共同奠定了“解析几何学”的基础，和巴斯嘉奠定了“概率论”的基础。他最出色的成就，还是在“数论”方面的研究结果。他常常故意把一些难题交给熟人去做，即使是非常著名的数学家也往往不能完成他交给的任务。

历代著名的数学家们为了寻找一个公式来表示所有的质数，不知花费了多少精力，走过了多少艰难曲折的道路，费尔马在这方面也不例外。他曾给出一个表达式：

$$F_n = 2^{2^n} + 1$$

并且断言当 $n = 1$，2，3…时，F_n 表示一切质数。经过验证：

$$F_0 = 2^{2^0} + 1 = 3;\ F_1 = 2^{2^1} + 1 = 5;$$

$$F_2 = 2^{2^2} + 1 = 17;\ F_3 = 2^{2^3} + 1 = 257;$$

$$F_4 = 2^{2^4} + 1 = 65537;\ \cdots$$

当 $n = 0$，1，2，3，4 时，F_n 确实都是质数。费尔马也算出了 $F_5 = 4294967297$，但是，由于这个数很大，分解较难，他没加以分解，便认为 F_5 也是质数，于是他就断言：“当 n 是任何正整数时，F_n 总表示质数。”通常人们称 F_n 为费尔马数。正是由于这位大数学家一时的疏忽，而得到一个错误的结论。1732 年，也是在这个崎岖道路上行走的数学家欧拉指出了费尔马的错误。欧拉得到：

$$F_5 = 2^{2^5} + 1 = 4294967297 = 641 \times 6700417$$

而 641 是质数，从而费尔马的断言被否定了。

在数学的许多方面建树功勋的欧拉，在寻求质数公式时，也曾设想用一个二次三项式：

$$\varphi(n) = n^2 + n + 41$$

来表示质数，然而也失败了。不难验证，当 n 等于从 1 到 39 所有整数时，这个三项式的值都是质数，可是当 $n = 40$ 时：

$$\varphi(40)=40^2+40+41=1681=41^2$$

显然，φ（40）就是合数了。和费尔马一样，欧拉也没能给出一个以正整数为自变量，而因数值都是质数的解析表达式。

通过这两位著名数学家的教训，我们看到不完全归纳法常常是不可靠的。绝不能根据对一些特殊情形的判断，就过渡到一般情形的结论，并作为规律或法则，这样做太冒险了。必须经过周密的研究，大量的判断，并且给予严格的数学论证，然后，或者成为规律、法则；或者因为错误而被否定。所以，欧拉说的对："简单归纳法会得出错误的结论。"还有一个说服力更强的例子：

$$\varphi(n)=991\cdot n^2+1\ (n=1,2,3,\cdots)$$

我们分别将1，2，3，4，…等自然数代入上式，所得的数值都不是完全平方数，甚至你花上毕生的精力去一个一个地计算，也不会发现例外。但是，数学上却决不允许因此而得出 $\varphi(n)$ 对一切自然数 M 都不是完全平方数。事实上当不为 $\varphi(n)$ 完全平方数这一结论遭到置疑时，谁能有那么大的耐性一个数一个数的从1，2，…一直让 n 取到29位的大数去验算 $\varphi(n)$ 是不是完全平方数呢？

质数问题纠缠了人们2000多年，至今不少数学家仍在这漫长而曲折的道路上，刻苦研究质数公式的问题。

"数论"到底讲的是什么

我们在前面章节里讲述了有关"数论"中的一些历史著名难题。那么，"数论"到底是一种什么样的科学呢？它的研究方法和研究的对象又是什么呢？在这里扼要地说明一下。

"数论"就是研究数的科学，而且所说的数都是整数，在广泛的意义上说来，是研究利用整数按一定形式构成的数系的科学。

"数论"的基本问题之一，是研究一个数被另一个数整除的问题，这就是所谓可除性理论。"数论"中的许多新概念、新理论、新方法，不仅在数论中有意义，而且在别队的数学分支以及其他科学领域中也有着重要的应用，如“自然数列是无穷的”这一概念对数学的全部发展，有着巨大的影响，它反映出物质世界在空间和时间上是无限的客观规律。

“数论”从研究方法上考虑可分为四个部分，即初等数论、解析数论、代数数论和几何数论。

初等数论不求助于其他数学分支而研究整数的性质，例如已知的欧拉恒等式：

$$\begin{aligned}&(a_1^2+a_2^2+a_3^2+a_4^2)(b_1^2+b_2^2+b_3^2+b_4^2)\\=&(a_1b_1+a_2b_2+a_3b_3+a_4b_4)^2+(a_1b_2-a_2b_1+a_3b_4-a_4b_3)^2+\\&(a_1b_3-a_3b_1+a_4b_2-a_2b_4)^2+(a_1b_4-a_4b_1+a_2b_3-a_3b_2)^2\end{aligned}$$

可以顺利地证明，对每一个整数 $Q>0$ 都可分解为四个整数平方的和，即

$$Q=x^2+y^2+z^2+u^2$$

其中 x，y，z，u 均为整数，当然这个问题要理解为找不定方程的整数解。

所谓解析数论是用微积分的工具来解决“数论”问题。代数数论是研究代数的概念。所谓代数数论就是方程

$$a_0x^n+a_1x^{n-1}+a_2x^{n-2}+\cdots+a_{n-1}x+a_n=0$$

的根，其中 a_0、a_1、a_2、…、a_n 是整数。

几何数论研究的基本对象是“空间格网”，主要在于透过几何观点研究整数的分布情形。这个问题对几何学和结晶学有着重大的意义。

数学万花筒

植物“工程师”创造出的几何美

传说，鲁班造伞的时候，还是受荷叶的启示。植物在亿万年的进化历程中，经过大自然的精雕细刻，形成了千姿百态，又能适应环境的几何结构。细心的人可能观察到，那盛开的鲜花多是四瓣，如油菜花、紫罗兰；或者是五瓣为基数，如桃花、月季花；也有的花萼、花瓣合生成筒状，如牵牛花。这些花都辐射对称或两侧对称。

不仅花具有这般几何美，植物叶片也同样如此，叶在茎上的排列方式，也采取了独特的空间对称，即叶序。绝大多数叶片背面，布满了对称的叶脉，能对叶片起补强作用。

工程师们正是利用花和叶这种巧夺天工的对称美设计出许多新奇的建筑，如根据椰树巨大叶片的“之”字结构，遇飓风很少折断的原理，制造出了楼房顶棚；根据车前草的叶子是螺旋生长的，每片叶子都能吸收充足的阳光，建造了现代螺旋式高楼，这样每个房间都能较好地采光。

卡当公式之谜

1935 年 2 月 22 日，意大利的哥特式米兰大教堂内人头攒动，热闹非凡，人们翘首等待一场激动人心的数学比赛。比赛的挑战者是数学教授费洛的学生佛罗雷都斯。他认为三次方程求解是一个数学高峰，而当他得知出身贫寒、貌不惊人的小人物塔塔里亚会解三次方程时，心中十分震怒，于是向塔塔里亚发出挑战。比赛开始了，双方各出 30 道三次方程求解题。塔塔里亚从容不迫，运笔如飞，不到两个小时就解完了全部方程。而佛罗雷都斯却望着塔塔里亚的 30 道题，一筹莫展，最后以 0:30败下阵来。

从中亚数学家花拉子模提出一元三次方程公式解后，世界数学家在探求三次方程的公式解，经过 700 多年的艰苦探索，终于被塔塔里亚攻破了。但他不想把成果公布于世，对求教者也一概拒之门外。他在 1539 年把这一秘诀传给了卡当，并要他还保守这个秘密。卡当是 16 世纪著名数学家，也是一个具有传奇色彩的怪杰。他在获得秘诀六年后，自毁诺言，把它传给了他的东床快婿拉里，并于 1545 年发表在《大法》一书中。以上就是后来人们把三次方程求根公式称为卡当公式的缘由。

稳操胜券之谜

古语云：“运筹帷幄之中，决胜千里之外。”只有正确运筹，才能稳操胜券。下面的两个游戏是数学家威索夫在 1907 年发明的：先把火柴放成两堆，两堆中的根数是任意的。然后轮流从甲、乙两堆中拿走一些火柴，原则是或只从甲堆中拿走一些（包括全部）；或只从乙堆中拿走一些（包括全部）；或从甲乙两堆中拿走相同的数目。两人轮流拿，谁拿到最后一根，谁就获胜，举个例子：假设甲堆有 17 根火柴，乙堆有 14 根火柴，记为（17，14）。由 A 先拿，A 在甲、乙中分别拿走 1 根成（16，13）；B 在甲中拿走 7 根成（9，13）；以后 A 在乙中拿走 6 根成（9，7）；B 在甲中拿走 3 根成（6，7）；A 在甲中拿走 2 根成（4，7）；B 在乙中拿走 5 根成（4，2）；A 在甲中拿走 3 根，此时成（1，2）。这样不管 B 如何拿，都只能变成（1，1），（0，1），（0，2）或（1，0）这四种情形，A 都可拿到最后一根火柴而获胜。所以我们称（1，2）为获胜位置。到达获胜位置就稳操胜券。

我们可以通过倒推得到获胜位置分别为（0，0），（1，2），（3，5），

(6，10)，(9，15) …一旦你达到了其中一个位置，那么就一定能够胜券在握了。你掌握了获胜位置的诀窍了吗？

形数之桥

17 世纪以前，几何与代数作为数学的两大分支一直沿着各自的轨道发展着。几何主要研究“形”，而代数主要研究“数”。数、形之间能架起联通的桥吗？为了解开形数桥之谜，不少数学家付出了辛勤的劳动。

笛卡尔是法国的著名数学家。他曾在法国奥伦治公爵的军队当文职军官。自从他成功地解决了一个征答的数学难题后，就对数学发生了浓厚的兴趣。他总是在想：驰骋的骏马，殒落的流星，怎样用代数方法描述这一几何曲线呢？公元 1619 年，部队驻扎在多瑙河河旁的一个小镇上。一天夜晚，笛卡尔躺在床上苦苦思索这个问题，他看到一只小虫正缓慢而笨拙地爬着，越过天花板的一个个方格。小虫停下来，他的位置能否确定呢？从西往东数在第八方格，从南往北数在第十方格（8，10）这一组数不就可以确定小虫所在的位置了吗？他豁然开朗：把点和线放在一张方格纸（即坐标平面）上，用坐标这座桥便把几何语言翻译成代数语言。

从此，他创立了一门崭新的学科：解析几何。

渡河之谜

在中国漫长历史长河中，朵朵数学浪花闪耀着智慧的光辉，渡河问题就是其中之一。

很久以前，一船夫带着一只狼、一只羊和一捆白菜来到渡口。船夫在场时，狼和羊都很听话；船夫不在场时，狼就要吃羊，羊要吃白菜。渡口只有一只小船，小船也只能载得起船夫及三者之一。现在船夫要把三者带过河去，显然，船夫第一次只能带羊过去，否则或狼吃羊或羊吃白菜。但船夫放下羊后从对岸划回来后，第二次若运狼过去，再回来运白菜时，狼在对岸就会把羊吃掉；若运白菜过去，再回来运狼时，羊在对岸又会把白菜吃掉。船夫该怎么办？正当船夫左右为难时，来了一位老翁，于是船夫向老翁请教，老翁说，我在这看着，不许狼吃羊或羊吃白菜。可船夫说，狼或羊都不会听你的话，他们只听我一个人的指挥。老翁想了一会儿，告诉船夫一个办法。办法是这样的：船夫运羊到对岸后，回来将狼带过去，将狼放下后随船把羊带回来，然后放下羊把白菜带到对岸，此时对岸是狼和白菜，最后再回来运羊。这样三者都过了河。老翁就这样运用推理巧妙地解开了渡河之谜。

神秘的遗嘱

美国著名的科学家、避雷针的发明人本杰明·富兰克林为科学奋斗一生，于1790年去世。他死后仅留下约1000英镑的遗产，但令人惊奇的是，他留下了分配几百万英镑财产的遗嘱，遗嘱中写道：1000英镑赠给波士顿的居民，如果他们接受了这1000英镑，那么这笔钱应托付给一些挑选出来的正直无私的人，由他们管理。他们得把这笔钱按每年5%的利率借给一些年轻的手工业者。这笔款子过100年增加到132000英镑，把其中的100000英镑用来建造一座公共设施，剩下的32000英镑拿去继续生息100年。在第二个100年末，这笔钱增加到4061000英镑，其中1061000英镑还是由波士顿居民支配，而其余的3000000英镑由马萨诸塞州管理。过此以后，我可不敢多作主张了。

仅有1000英镑的富兰克林，竟立下了百万财富的遗嘱。下面让我们通过计算来揭开这个谜。富兰克林原有遗产1000英镑，按年利息5%借出，第一年末应有财产$1000\times(1+5\%)$，第二年末应有财产$1000\times(1+5\%)^2$，……用计算器不难算得100年财产数是131501英镑。第二个100年末，其财产应是$31501\times(1+5\%)^{100}=4142421$英镑。

其数额比富兰克林遗嘱中写的还多8万英镑，可见富兰克林的遗嘱是可信的。

费解的陶器几何纹

新石器时代，陶器上的纹饰逐渐由动物图案转化为抽象的几何印纹。这些几何纹多数是优美流畅的直线、曲线、水波纹、云雷纹、漩涡纹、圆圈纹等等。关于这些几何纹的含义，至今仍是中国文化史上的一个谜。

花纹陶器

一种说法认为，陶器上的几何纹体现了原始人由实用向审美观念的转化，早期的陶器几何纹和生产密切相关。但随着社会经济的发展，人们对陶器上纹饰的需要已经是美观为第一需要的。这足以说明几何图形所创造出的美的价值。

另一种说法是，陶器上的几何纹虽然有的来源于生活，但更多的几何纹印和部族图腾的崇拜有关。绝大多数场合下，陶器几何纹都是作为图腾或其他崇拜的标志而存在的。不同的几何纹代表着用动物为图腾的不同部落民族。这也说明了几何纹的魅力之所在。

除了以上两种说法，几何纹还能够反映当时人们丰富的食品和较为复杂的社会生活。所以，一种几何纹也可能同时代表着几种事物，包含着几种含义。

巨型石圈之谜

在欧洲西北地区的原野上，有一些奇形怪状的石圈，是用几十吨重的巨石垒砌而成的。从空中往下看，它们是大圈套小圈的一组组同心圆；从地面上看，是一层层十分坚固的石墙，每一道弧形的墙都有一些不规则的缺口。通过这些缺口，人们可以方便地进入石圈中心。

这些巨型石圈究竟做什么用的，人们有很多种推测。后来，新兴的考古天文学对欧洲巨型石圈作出了较科学的解释，认为它们是3000多年前的天文观测站。因为一位英国的教授在仔细丈量了600多个巨型石圈和它们之间的相互距离后，得出结论说，石圈是根据一个很准确的工程图设计建造的，而这些设计又是依据了极为准确的天文知识和数学知识。并且证实，倘若人们站在一巨型石圈的中央，便可以根据太阳和月亮照在石圈上留下的标记，观测日月活动的规律。

巨型石圈到底是不是天文观测站？有人反对这种观点，认为考古学家是把一些偶然巧合的事情夸大地归结为科学。所以巨型石圈之谜仍然没有解开。但可以肯定的是，这些石圈确实是经过周密的数学计算的。

高速计算之谜

高速计算

世界上计算速度最快的，当然是电子计算机。然而，有一些人的计算速度，毫不逊色于电子计算机。而且他们并不是数学家。

有一位荷兰人叫克莱因，他高速准确的计算能力使计算中心的数学家为之瞠目。

1981年4月23日在法国巴黎，克莱因当着3000名观众举行了一场心算表演。一位观众请他心算 $38 \times 22 \times 27$，他不加思索地写出22572。

有人请他心算 $4529 \div 29$，当他把数156.17241379310344827…一直写到黑板边沿上，总共才用了20秒钟。有人问克莱因是如何计算的，他总是笑着说，要用文字表达很难。

人脑的这种惊人的计算能力是怎样获得的，至今没有人能回答。它往往是天生的，不是经后天的训练才获得的。汤姆·富勒生于非洲，后被奴隶贩子贩到美国的弗吉尼亚当奴隶。虽然汤姆目不识丁，却有着现在计算机一样的能力。一位教师对此很是惊讶，特意出了很多测验题，每次的提问，汤姆都能立刻给予答复。其中有一个问题是把 70 年 12 天零 12 小时化作秒数，结果汤姆在 90 秒钟内就得出了答案。

人脑自动计算机是如何运行的？人脑究竟有多大的计算能力？这真是难解的谜。

鸽笼原理

如果有人说“在 13 个人中必有 2 个人是在同一月份出生的”，人们肯定会半信半疑。

实际上这个结论是对的，它是根据“鸽笼原理”得出的。

有 3 只鸽子要飞进 2 个鸽笼中，有 4 种可能的进法。仔细想想，可以知道 3 只鸽子飞进 2 个鸽笼，必有一个鸽笼至少飞进 2 只鸽子。这就是鸽笼原理中最简单的例子。那鸽笼原理尽管很简单，却很重要，用它可以解决许多有趣的问题。例如我们把 13 个人看成 13 只鸽子，一年的 12 个月看成是 12 个笼子，利用这一原理很容易得知 13 个人中必有 2 个是同一个月生的。

又如，在 1988 年出生的 367 个人中至少有 2 人生日相同。原因在于：1988 年有 366 天，根据鸽笼原理就可以得到这一结论。再如，抽屉里有 10 双手套，从中取出 11 只，其中至少有 2 只是配对的，这也是由鸽笼原理得到的。

数字密码锁为什么比较安全

我们在出差时所用的包上挂一把数字密码锁，只要知道一个密码，就可以非常巧妙地打开。那么，这锁是否安全呢？

如果数字锁是三位数□□□，每一格都可以出现 0，1，2，3，4，5，6，7，8，9 十个数字，这样排出的三位数共有 $10 \cdot 10 \cdot 10 = 1000$（个）。而其中只有一个密码号才能打开，因此打开此锁的概率为$\frac{1}{1000}$。

不知道密码的人，想偷偷打开锁，就得一个不漏地一个一个去试，先 000，001，002，…一直试到 999。由于心理紧张，还会重复已试过的数。就是试到了密码号而不拉一下，又会“滑”过去。这样就会试 1000 多个数，才能打开。如果每试一个数要花去 10 秒钟，试 1000 个数至少要花费：

$\frac{1000 \times 10}{60} \approx 167$（分钟）$\approx 2.8$（小时）。

所以要想偷偷打开锁，至少要花去近 3 小时。旅途中的人，不可能离开包 2 个多小时，所以还是比较安全的。

重要的文件箱，都有六位数的密码锁。不知道密码锁的人想偷偷打开箱子花的时间会更多。

六位数数字锁□□□□□□，每一格都可以出现 0，1，2，3，4，5，6，7，8，9 十个数字，这样排出的六位数共有：$10 \cdot 10 \cdot 10 \cdot 10 \cdot 10 \cdot 10 = 10^6 = 1000000$（个）。而其中只有一个密码号才能打开锁。因此打开锁的概率为$\frac{1}{10^6}$。

同样，不知密码的人，想打开锁总得一个一个地去试，加上心理上的紧张，还会不自觉地重复试号。这样试号就会超过 10^6 个。每试一个号也按 10 秒计算，打开锁至少要花费：

$\frac{10^6 \times 10}{3600} \approx 2778$（小时）。

即使每天不睡，也得花费将近 4 个月时间才能打开。所以密码锁一般还是比较安全的。

怎样计算用淘汰制进行的比赛场数

如果你所在的学校要举办一次象棋比赛，报名的是 50 人，用淘汰制进行，要安排几场比赛呢？一共赛几轮呢？如果你是比赛的主办者，你会安排吗？

因为最后参加决赛的应该是2人，这2人应该从$2^3=8$人中产生的。这样，如果报名的人数恰巧是2的整数次幂，即2、4（2^2）、8（2^3）、16（2^4）、32（2^5）、…，那么，只要按照报名人数每2人编成一组，进行比赛，逐步淘汰就可以了。假如先报名的人数不是2的整数次幂，在比赛中间就会有轮空的。如果先按照2个人一组安排比赛，轮空的在中后阶段比，而中后阶段一般实力较强，比赛较紧张，因此轮空与不轮空机会上就显得不平衡。为了使参赛者有均等的获胜机会，使比赛越来越激烈，我们总把轮空的放在第一轮。例如，上例的人在32（2^5）与64（2^6）之间，而$50-32=18$。那么，第一轮应该从50人中淘汰18人，即进行18场比赛。这样参加第一轮的18组36人，轮空的有14人。第一轮比赛后，淘汰18人，剩下32人，从第二轮起就没有轮空的了。第二轮要进行16场比赛，第三轮8场，第四轮4场，第五轮2场，第六轮就是决赛，产生冠军和亚军。这样总共进行六轮比赛，比赛的场数一共是$18+16+8+4+2+1=49$，恰恰比50少1。

我们再来看看世界杯足球赛的例子。2006德国世界杯赛共有32支参赛球队，比赛采取的方式是先进行小组循环赛，然后进行淘汰赛。如果全部比赛都采用淘汰制进行，要安排几场比赛呢？32正好是2^5，因而总的场数是$16+8+4+2+1=31$，也是比32少1。

不妨再从一般情况来研究。如果报名的人数为M人。而M比2^n大，但比2^{n+1}小，那么，就需要进行$n+1$轮比赛，其中第一轮所需要比赛的场数是$M-2^n$，第一轮比赛淘汰$M-2^n$后，剩下的人数为$M-(M-2^n)=2^n$。以后的n轮比赛中，比赛的场数为：

$$2^{n-1}+2^{n-2}+2^{n-3}+\cdots+2^3+2^2+2+1$$
$$=(2^{n-1}+2^{n-2}+2^{n-3}+\cdots+2^3+2^2+2+1)\times(2-1)$$
$$=2^n-1$$

所以，一共比赛的场数是$(M-2^n)+(2^n-1)=M-1$，即比参加的人数少1。

其实，每一场比赛总是淘汰 1 人。在 M 人参加的比赛中，要产生 1 个冠军就是淘汰 $M-1$ 人，所以就得比赛 $M-1$ 场。你明白了吗？

现在请你自己来安排一次乒乓球比赛，报名参加男子单打的有 158 人，报名参加女子单打的有 96 人，应该进行多少场比赛？怎样安排这些比赛呢？

怎样计算用单循环制进行的比赛场数

用淘汰制进行球类锦标赛，比赛场数比较少，所需用的时间较短，所以，报名人数较多的个人锦标赛往往采用这种方法。但有一个缺点，就是要获得冠军，中途不能有失。而且如果两强相遇过早，所产生的亚军和其他名次往往与实际水平不完全相符。因此，在报名单位较少的一些团体锦标赛中，往往不采用淘汰制而采用另一种比赛方法——循环制。

用循环制进行的比赛场数应该怎样计算呢？下面我们来看一个例子。如果你所在的学校有 15 个班级，每个班级有 1 个球队参加比赛，若用单循环制进行，一共要比赛几场？如果用单循环制进行比赛，每一个队要和另一个队比赛一场，所以在 15 个球队中，每一个队伍要进行 14 场比赛，15 个球队就有 15×14 场比赛。但每场比赛是两队互相交锋的，因此，这样计算就把一场比赛算做两次了，而实际的比赛场数是$\frac{15\times14}{2}=105$（场）。

我们再来看看世界杯足球赛的例子。2006 世界杯足球赛有 32 支参赛球队，如果始终采用单循环制进行比赛，那么一共要进行的比赛场数是 $(32\times31)\div2=496$（次）。

一般说来，单循环制的比赛，如果有 n 队报名，那么，比赛的场数总共是 $\frac{n\times(n-1)}{2}$。

但是这样安排场次太多，费时太长。因此，许多比赛采用的不完全是单循环制，而是分组双轮单循环制。下面我们来看，如果把 15 队分成 3 组，每组 5 队，采用分组双轮单循环制，一共要比赛几场？

在这 3 组中用单循环制进行比赛，产生 3 个分组冠军，这 3 队再进行第

二轮的单循环赛，产生冠亚军。这样，

第一轮是$\frac{5\times4}{2}+\frac{5\times4}{2}+\frac{5\times4}{2}=30$（场）；

第二轮是$\frac{3\times2}{2}=3$（场）；

比赛的总场数是$30+3=33$（场）。

再来看2006世界杯足球赛的例子，32支参赛队分成8个组，每组4个队。如果按照分组进行双轮单循环赛，那么，第一轮要比赛$\frac{4\times3}{2}\times8=48$（场），产生8个分组冠军；第二轮，这8个队再进行$(8\times7)\div2=28$（场）比赛，决出冠亚军。

现在请你用同样的方法来安排一次乒乓球赛，报名参加男子团体赛的有26个队，报名参加女子团体赛的有19个队。如果用单循环制进行比赛，要安排几场比赛？如果各分成3组，男子两组各9队，一组8队，女子两组各6队，一组7队，采用分组双轮单循环制，一共要比赛几场？事实上很多比赛会同时采用这两种比赛方式——淘汰制和单循环制。例如2006世界杯足球赛，先是32支球队分成8个组，采用分组单循环制，进行48场比赛，每组的冠亚军共16支球队，再采用淘汰制，进行8场比赛，决出前8强。再用淘汰制，进行4场比赛，决出前4名。还是用淘汰制，进行2场比赛，决出前2名。最后前2名争夺冠亚军，另外还安排一场决出第3、第4名的比赛。这样比赛场数总共是$48+8+4+2+1+1=64$（场）。

湖中鱼数量的概率测定

为了方便而且快速地知道某个湖中有多少鱼，渔民们常用一种称为“标记后再捕”的方法。先从湖里随意捕捉一些鱼上来，比如说捕到1000尾，在每条鱼身上做记号后又放回湖中。隔一段时间后，又从湖中随意捕一些鱼上来。比如说第二次捕到200尾，看其中的标记的鱼有多少尾，如果10尾有标记，那么渔民就会估出湖中鱼大约有20000尾。

渔民们是这样想的：200 尾鱼中有 10 尾是有记号的，如果湖中鱼是均匀分布的，那么每尾有记号的鱼被捕到的可能性的大小是 10/200 = 1/20。假设湖中有鱼 n 尾，其中 1000 尾是有标记的，那么每尾有记号的鱼被捕到的可能性大小还应是 $1000/n$。所以有 $1000/n = 1/20$，即 $n = 1000 \times 20 = 20000$（尾）。

数学家们通常把上述度量事件出现的可能性大小的量叫做“概率”。概率论就是研究这种随机事件出现的可能性的数学分支，它在现代科学技术中应用很广泛。“湖中有多少鱼”的问题就是概率论中的一个比较著名而且是最简单的问题。又如工厂里检验产品的废品率也是运用了同样的概率论原理。

赌徒输赢的概率

概率论的产生，还有一段名声不好的故事。17 世纪的一天，保罗与著名的赌徒梅尔赌钱。他们事先每人拿出 6 枚金币，然后玩骰子，约定谁先胜了三局谁就得到 12 枚金币。比赛开始后，保罗胜了一局，梅尔胜了两局，这时一件意外的事中断了他们的赌博。于是他们商量这 12 枚金币应怎样合理地分配。保罗认为，根据胜的局数，他自己应得总数的 1/3，即 4 枚金币，梅尔应得总数的 2/3，即 8 枚金币。

但精通赌博的梅尔认为他赢的可能性大，所以他应该得到全部赌金。于是，他们请求数学家帕斯卡评判。帕斯卡又求教于数学家费马。他们一致的裁决是：保罗应分 3 枚金币，梅尔应分 9 枚金币。

其中费马是这样考虑的：如果再玩两局，会出现四种可能的结果：梅尔胜，保罗胜；保罗胜，梅尔胜；梅尔胜，梅尔胜；保罗胜，保罗胜。其中前三种结果都使梅尔取胜，只有第四种结果才使保罗取胜。所以，梅尔取胜的概率为 3/4，保罗取胜的概率为 1/4。因此，梅尔应得 9 枚硬币，而保罗应得 3 枚硬币。

帕斯卡和费马还研究了有关这类随机事件的更一般的规律，由此开始了概率论的早期研究工作。

盈不足问题

《九章算术》中第七章的第一题是：今有共买物，人出八，盈三；人出七，不足四。问人数物价各几何？其意是：有若干人共同买东西，如果每人出 8 块钱，则余 3 块，如果每人出 7 块钱，则少 4 块，问人数及所买东西的价格各是多少？

《九章算术》是在中国数学著作中影响最大的一部。全书分九章共 246 个应用问题，是以问题集形式出现的数学名著。它成书于公元 1 世纪，内容丰富多彩，在许多方面都居于世界领先地位。

"盈不足问题"的解决方法被称为盈不足术，设人出 a_1 盈 b_1，人出 a_2 不足 b_2，则

$$u\text{（物价）}=\frac{a_2b_1+a_1b_2}{a_1-a_2} \quad (1)$$

$$v\text{（人数）}=\frac{b_1+b_2}{a_1-a_2} \quad (2)$$

$$w\text{（每人出钱数）}=\frac{u}{v}=\frac{a_2b_1+a_1b_2}{b_1+b_2} \quad (3)$$

按照这组公式，开始所述问题可得解：

$$\text{物价}=\frac{7\times3+8\times4}{8-7}=53\text{（块钱）}$$

$$\text{人数}=\frac{3+4}{8-7}=7\text{（人）}$$

有一个盈数和一个不足数是简单的标准的盈不足问题，使用公式（1）、（2）、（3）问题便迎刃而解。如果把这组公式作适当的变通，则可以解出"两盈"、"两不足"、"一盈一适足"、"一不足一适足"等问题。下面是这四类问题的例子。

"今有共买金，人出四百，盈三千四百；人出三百，盈一百。问人数金价各几何？"

"今有共买羊，人出五，不足四十五；人出七，不足三。问人数羊价各

几何？”

“今有共买豕，人出一百，盈一百；人出九十，适足。问人数豕价各几何？”

“今有共买犬，人出五，不足九十；人出五十，适足。问人数犬价各几何？”

对于“两盈”或“两不足”问题，有：

$$u=\frac{a_2b_1-a_1b_2}{a_1-a_2}$$

$$v=\frac{b_1-b_2}{a_1-a_2}$$

$$w=\frac{a_2b_1-a_1b_2}{b_1-b_2}$$

对于“一盈一适足”或“一不足一适足”问题，有：

$$u=\frac{a_2b_1}{a_1-a_2}$$

$$v=\frac{b_1}{a_1-a_2}$$

$$w=a_2$$

其中 a_1、a_2 是前后两次付款数，b_1、b_2 是相应的或盈，或不足，或适足数。

据上述公式，可分别计算出上述四题的答案，按顺序为：33 人，金价 9800；21 人，羊价 150；10 人，豕价 900；2 人，犬价 100。

在《九章算术》的盈不足章中，前 8 个题目是明显的盈不足问题。而后面的 12 个题，在形式上不属于盈不足问题，但是作者仍然用盈不足术来解，十分巧妙。

例如：“今有垣高九尺。瓜生其上，蔓日长七寸，瓠生其下，蔓日长一尺。问几何日相逢？瓜、瓠各长几何？”

其意是：有一堵高 9 尺的墙，墙顶上长一棵瓜，瓜蔓日长 7 寸往下爬；墙脚种瓠。瓠蔓日长 1 尺往上爬，问几天后瓜和瓠相逢，相逢时瓜和瓠各长多少？

我们假设生长了5日，瓜瓠共长了 $(0.7+1)\times5=8.5$ 尺，距9尺还差5寸（1尺=10寸），再设生长了6日，瓜瓠共长了 $(0.7+1)\times6=10.2$ 尺，比9尺又多出了1.2尺。即“假令五日，不足五寸，令之六日，有余一尺二寸。”可见，此时问题表现就是盈不足问题。

$$\text{瓜瓠相逢日数}=\frac{6\times0.5+5\times1.2}{1.2+0.5}=5\frac{5}{17}\text{（天）}$$

$$\text{瓜长长度}=0.7\times5\frac{5}{17}=3\frac{12}{17}\text{（尺）}$$

$$\text{瓠长长度}=9-3\frac{12}{17}=5\frac{5}{17}\text{（尺）}$$

这种计算方法在形式上是先采取两次假设，得出相应数值，以此为条件便构成盈不足问题，进而用盈不足术解之。

盈不足术后来被传到西方，受到数学家们的高度重视，得到了辉煌的发展，在世界数学史上占有相当高的地位，特别是通过两次假设再使用盈不足术的解题方法（假设法）倍受人们推崇。

13世纪的阿拉伯数学家们对“假设法”作了力学解释，并称之为“秤盘法”。这在1222年伊本·阿尔·班纳的著作《塔尔基斯》中有记载“秤盘法”是一种几何方法，其内容为：“取一定形式的秤，并在支架上放上已知量。在一秤盘上放一任选量，然后根据要求增加，所得结果与已知量比较，如果任选量选对了，则秤盘上的量即等于已知量；如果没选对，则记下这一盘的误差。然后，在另一秤盘中放入另一任选量，重复以上步骤。做完这些之后，将每盘误差乘以另一盘之量，如果两盘误差都是正数或都是负数，则从较大误差中减去较小误差，同时，从较大的乘积中减去较小的乘积，之后，将乘积之差除以误差之差。如果两盘之误差一正一负，则将乘积之和除以误差之和。”

假设法（或称秤盘法）可以算是一种一次内插法，在高等数学中求某些方程的近似实根时，要借助这种方法。著名科学史专家李约瑟说得好：“盈和不足的概念在哲学上是十分重要的，它推动了所有的古代数学，也推动了希腊的生物学。”

牟合方盖

牟合方盖是中国魏晋时期数学家刘徽在研究球的体积与球的直径之间的关系时，提出的问题。“牟合方盖”中的“牟”表示相等，“盖”表示伞。“牟合方盖”为中轴线在中点垂直相交的两个相同的圆柱体的公共部分，由于它的形状如同把两个相等方口圆顶的伞对合在一起，故取名为“牟合方盖”。图（1）是仅画出其中 1/8 的“牟合方盖”的示意图。

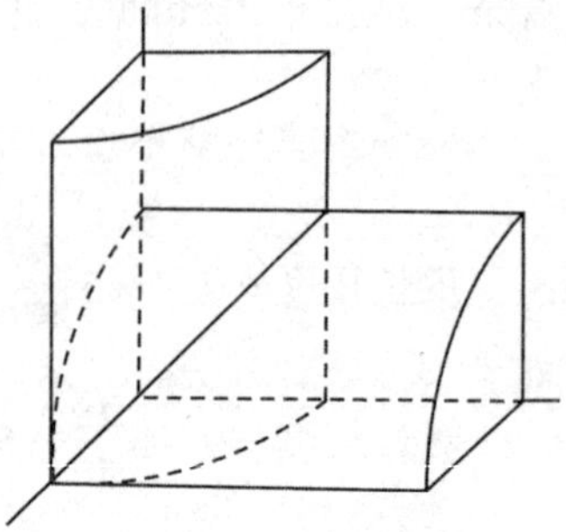

图（1）

刘徽在注释《九章算术》时，研究球的体积公式，欲探明《九章算术》中的球体积公式：

$$V_{球}=\frac{9}{16}D^3 \text{（其中 } D \text{ 为球的直径）}$$

中的 9、16 两个数的来源。经过比较，他发现上述公式是错误的。也就是说，球的体积不等于外切正方体体积（D^3）的 9/16。

他提出一个间接解决此问题的方法，从而引出了“牟合方盖”问题。

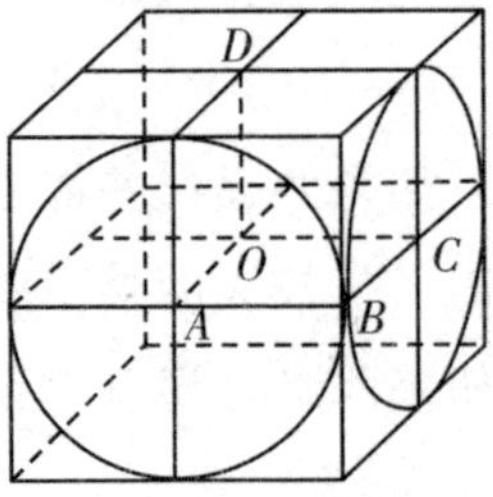

图（2）

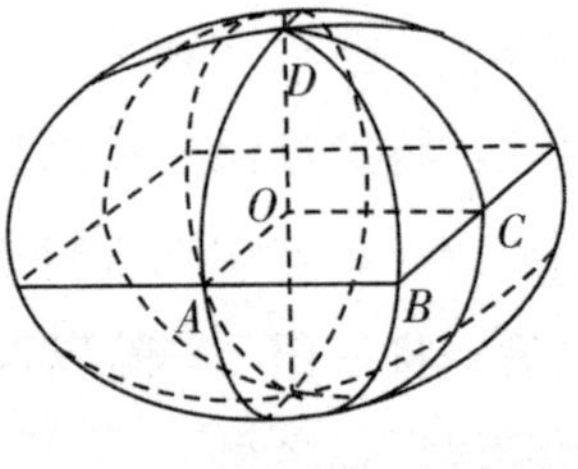

图（3）

他的方法是：取每边为 1 寸（约 3.3 厘米）的正方体棋子 8 枚，拼成一个边长为 2 寸的正方体，在正方体横向、纵向各画内切圆柱体（直径和柱高都是 2 寸），见图（2）所示。于是，两个圆柱面所包含的立体共同部分如图（3）所示，是上下两个合起来的相等方盖，刘徽称它为“牟合方盖”。

刘徽经过研究，巧妙地确定：内切球体积是牟合方盖体积的四分之 π，即

$$V_{\text{球}} = \frac{\pi}{4} \cdot V_{\text{牟合方盖}}$$

这样一来，只需求出牟合方盖的体积，就可以导出球的体积了。但他没有找到计算牟合方盖体积的公式，刘徽坦率地说：“欲陋形措意，惧失正理。敢不阙疑，以俟能言者。”寄希望于后世的聪明人。

刘徽之后 200 多年，南北朝时期的数学家祖暅（数学家祖冲之的儿子）解决了这一问题。祖暅是一个博学多才的人，他继承了祖冲之在数学和天文历法方面的工作，并进一步发扬光大了他父亲的成就。祖暅创立了巧妙的“开立圆术”，从而解决了牟合方盖的求积问题以及球体体积计算公式。

为了便于理解，我们用现代的术语，又将原来的图形略加修改，说明如下：

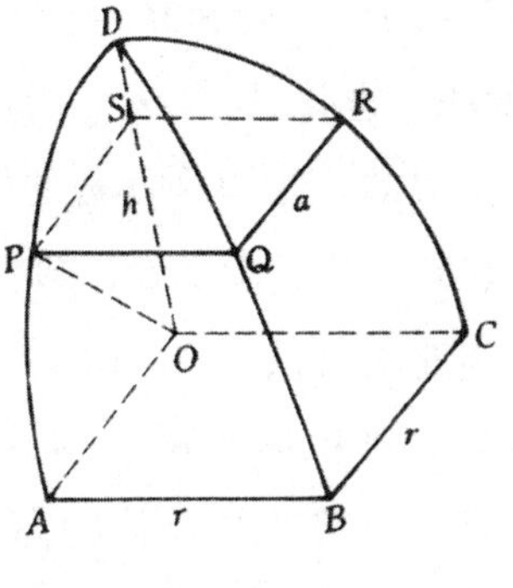

图（4）

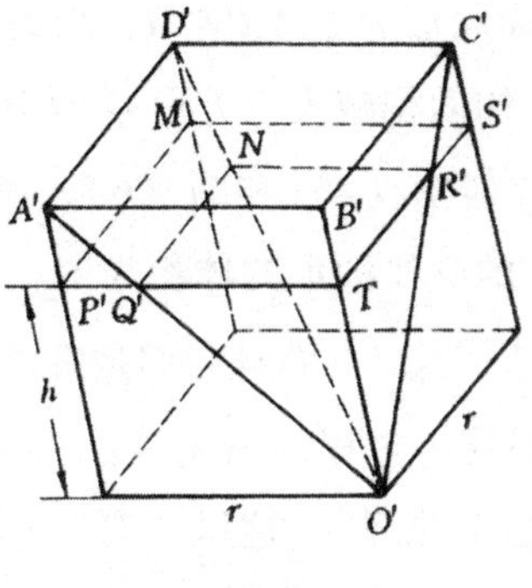

图（5）

祖暅取刘徽的八个棋子之一来研究。图（4）是牟合方盖体积的 1/8，底面是边长为 r 的正方形，高 DO 也等于 r；$\overset{\frown}{DRC}$、$\overset{\frown}{DPA}$ 都是半径为 r 的 1/4 圆周，我们把这个 1/8 牟合方盖的体积用 V_1 表示。图（5）是整个棋子，即它是边长为 r 的正方体。在图（4）、图（5）的同一任意高度 h 处分别作与底面平行的平面，它与 V_1 的截面是 $PQRS$；与图（5）中正方体的截面为正

方形 $P'TS'M$。

在图（5）中，由于平行于底的任意平面与立体图形的截面都是正方形。因此，截面 $PQRS$ 是正方形，记它的边长为 a，设 $OS=h$，因为 $OP=r$，所以截面积 $a^2=r^2-h^2$。

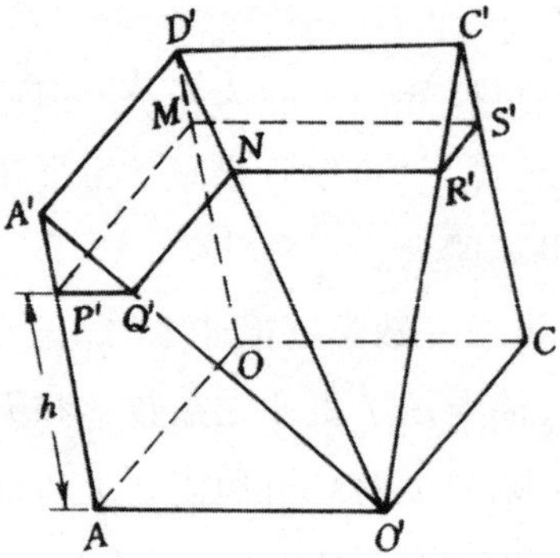

图（6）

在图（4）中，设这个边长为 r 的正方体体积为 V_2。连接 $0'A'$、$O'D'$、$O'C'$，得到锥体 $O'A'B'C'D'$，将这一锥体的体积记为 V_3。V_2-V_3 是立方体减去锥体剩下的立体，见图（6）。

在图（5）中，截面 $P'TS'M$ 是正方形，因此，正方形 $P'TS'M$ 的面积为 r^2；这个高度为 h 的平行于底的平面与 V_3 的截面是正方形 $Q'TR'N$，由于 $Q'T=O'T=h$，因此，正方形 $Q'TR'N$ 的面积为 h^2。

在图（5）中，正方形 $P'TS'M$ 的面积可以分为两部分，即正方形 $Q'TR'N$ 和曲尺形 $P'Q'NR'S'M$，因此，曲尺形 $P'Q'NR'S'M$ 的面积等于正方形 $P'TS'M$ 的面积减去正方形 $Q'TR'N$ 的面积，也就是 r^2-h^2，见图（6）。

我们比较图（4）和图（6），图（4）中的1/8牟合方盖的体积为 V_1，图（6）中的立体图形的体积为 V_2-V_3。在同一任意高度处，两立体图形的截面积都是 r^2-h^2，而且它们是等高的，因此两体积相同，即 $V_1=V_2-V_3$。

祖暅对这一过程的描述是："幂势既同，则积不容异。"这一描述后来被称为"祖暅原理"。这里"幂"指截面积，"势"指立体的高。意思是：两同高的立体，如在等高处的截面积恒相等，则体积相等。更详细地说是：界于两平行平面之间的两个立体，被任一平行于这两平面的平面所截，如果两个截面的面积常相等，则这两个立体的体积相等。

由此可知：

$$V_1=V_2-V_3=r^3-\frac{1}{3}r^3=\frac{2}{3}r^3$$

这里，V_1 是1/8牟合方盖的体积；V_2 是图（5）中立方体的体积；V_3

是锥体 $O'A'B'C'D'$的体积。

于是牟合方盖整体的体积是：

$$V_{\text{牟合方盖}}=8\times\frac{2}{3}r^3=\frac{16}{3}r^3$$

根据刘徽关于球体积是牟合方盖体积的$\frac{\pi}{4}$，最后便得到球体积为：

$$V_{\text{球}}=\frac{\pi}{4}\cdot\frac{16}{3}r^3=\frac{4}{3}\pi r^3$$

或 $V_{\text{球}}=\frac{1}{6}\pi D^3$　（D 表示球的直径）

祖暅在推导“牟合方盖”体积的过程中，提出的“幂势既同，则积不容异”这一原理的基本思想相当于积分学中的积分式：

设 $f(x)=g(x)$　$(a\leqslant x\leqslant b)$，则

$$\int_a^b f(x)\,dx=\int_a^b g(x)\,dx$$

在西方与祖暅原理相似的原理被称为“卡瓦列里原理”。卡瓦列里是意大利数学家，他在 1635 年出版了他的数学名著《连续不可分几何》，“卡瓦列里原理”正是在这本著作中提出的。可见祖暅原理比卡氏原理早 1000 多年。

祖暅利用“牟合方盖”体积的计算，在刘徽研究的基础上，导出了球的体积计算公式。这种方法虽然比上面提到的用微积分方法推导体积公式复杂，但在 1500 年前就解决了球体积公式，不能不认为这是数学史上的一个巨大成就。

概率与 π

1777 年的一天，法国自然哲学家布丰先生请来了满堂的宾朋要给大家做个有趣的实验来解解闷。只见七十高龄的布丰先生兴致勃勃地拿出一张白纸，纸上面画满了一条条距离相等的并行线。然后他抓出一大把小针，对大家说：“请诸位把这针一根一根地往纸上随便扔吧，妙事自然会出现。”客人们不知道他葫芦里卖的什么药，好奇地把小针一根根地往纸上乱扔。

布丰在旁边不停地记着数。小针扔完了，收起来又扔。最后，布丰宣布结果：大家共投针2212，π 值为3.142。他笑了笑说："这就是圆周率的近似值。原来，这就是数学史上有名的"投针试验"。赌徒输赢的概率是古典概率的数学模型，这里讲的是几何概率的典型例子。一般来说，设并行线的距离为 a，针长为 l（l 小于 a），投掷次数为 N，与直线相交次数为 n，则圆周率 $\pi = 2lN/an$。上面的实验中，布丰用的小针长恰为并行线间的距离的一半，所以公式可以简写为 N/n。

后来不少人根据布丰创造的方法计值，其中，以1901年意大利人拉查里尼投针3408次，直线与针的相交次数为1808，求得的6位准确小数3.1415929为最佳结果。

概率与性别

一般人或许认为，生男生女的可能性是相等的，各占50%。事实并非如此。法国著名数学家拉普拉斯在1814年出版的《概率的哲学探讨》一书中调查研究了生男生女的概率问题。他根据伦敦、彼得堡、柏林和全法国的统计资料，得出几乎完全一致的男婴出生数与女婴出生数的比值：在10年间总是摆动在51.2∶48.8左右。这就是说，男婴出生数一般比女婴出生数略高。国内外大量的人口统计资料也表明男婴女婴出生比率是51.2∶48.8左右。

为什么男婴出生率要比女婴出生率会高一点呢？这是生理学上很有趣的一个研究课题。生理学家认为，可能是男性含 X 染色体的精子（决定生女）与含 Y 染色体的精子（决定生男）有某种差别的缘故。从概率观点来看，因为含 X 染色体的精子与含 Y 染色体的精子进入卵子的机会不完全相等，所以造成男婴女婴出生率的不相等。而最先发现这个现象的不是生理学家，却是研究概率的数学家。

天元术——未知数的由来

"天元术"最早出现在金、元时期数学家李冶所著的《测圆海镜》一书中，它是建立代数方程的一般方法，相当于“设某某为 X”，并以此建立方程。

当时人们把未知数叫“元”。对多个未知数，则分别为“天元”、“地元”、“人元”、“物元”，相当于我们今天所设的未知数 X、Y、Z、U。李冶还用“天、上、高、……”表示 X、X^2、X^3、……；用“地、下、低、……”表示 $1/X=X^{-1}$、$1/X^2=X^{-2}$、$1/X^3=X^{-3}$、……。

“天元开方式”或称为“天元式”，就是一元高次方程。李冶在他所著的《测圆海镜》和《益古演段》中对“天元术进行了系统的论述。他还突破了前人对一元方程系数和常数项的正、负号的限制。

用“天元术”来列方程的方法，后人分析并非完全由李冶一人发明的，一般认为此法已于12世纪中叶在中国出现，而由李冶整理成书。欧洲的数学家们到十六七世纪才做到这一点。

新奇美妙话“拓扑”

哥尼斯堡有一条河，叫勒格尔河。这条河上，共建有七座桥。河有两条支流，一条叫新河，一条叫旧河，它们在城中心汇合。在合流的地方，中间有一个小岛，它是哥尼斯堡的商业中心。

哥尼斯堡的居民经常到河边散步，或去岛上买东西。有人提出了一个问题：一个人能否一次走遍所有的七座桥，每座只通过一次，最后仍回到出发点？

如果对七座桥沿任何可能的路线都走一下的话，共有5040种走法。这5040种走法中是否存在着一条既都走遍又不重复的路线呢？这个问题谁也回答不了。这就是著名的“七桥问题”。

这个问题引起了著名数学家欧拉的兴趣。他对哥尼斯堡的七桥问题，用数学方法进行了研究。1736年欧拉把研究结果送交彼得堡科学院。这份研究报告的开头是这样说的：

“几何学中，除了早在古代就已经仔细研究过的关于量和量的测量方法那一部分之外，莱布尼兹首先提到了几何学的另一个分支，他称之为‘位置几何学’。几何学的这一部分仅仅是研究图形各个部分相互位置的规则，而不考虑其尺寸大小。”

从欧拉这段话可以看出，他考虑七桥问题的方法是，只考虑图形各个部分相互位置有什么规律，而各个部分的尺寸不去考虑。

欧拉研究的结论是：不存在这样一条路线！他是怎样解决这个问题的呢？按照位置几何学的方法，首先他把被河流隔开的小岛和三块陆地看成为 A、B、C、D 四个点；把每座桥都看成为一条线，这样一来，七桥问题就抽象为由四个点和七条线组成的几何图形了，这样的几何图形数学上叫做网络。于是，“一个人能否无重复地一次走遍七座桥，最后回到起点”就变成为“从四个点中某一个点出发，能否一笔把这个网络画出来”。欧拉把问题又进一步深化，他发现一个网络能不能一笔画出来，关键在于这些点的性质。

如果从一点引出来的线是奇数条，就把这个点叫奇点；如果从一点引出来的线是偶数条，就把这个点叫做偶点。

欧拉发现，只有一个奇点的网络是不存在的，无论哪一个网络，奇点的总数必定为偶数。对于 A、B、C、D 四个点来说，每一个点都应该有一条来路，离开该点还要有一条去路。由于不许重复走，所以来路和去路是不同的两条线。如果起点和终点不是同一个点的话，那么，起点是有去路没有回路，终点是有来路而没有去路。因此，除起点和终点是奇点外，其他中间点都应该是偶点。

另外，如果起点和终点是同一个点，这时，网络中所有的点要都是偶点才行。

欧拉分析了以上情况，得出如下规律：

一个网络如果能一笔画出来，那么该网络奇点的个数或者是 2 或者是 0，除此以外都画不出来。

由于七桥问题中的 A、B、C、D 四个点都是奇点，按欧拉的理论是无法一笔画出来的，也就是说一个人无法没有重复地走遍七座桥。

欧拉对哥尼斯堡七桥的研究，开创了数学上一个新分支——拓扑学的先声。

说拓扑学“新奇”，主要是指拓扑学本身而言。它的确是“新”，数学家们提出拓扑学这个词才不过100多年，1848年，德国人里斯才写出第一本关于拓扑学的书。拓扑学也的确是“奇”，下面你就亲自来体会一下拓扑学之“奇”吧。

裁四张长纸条。用毛笔把第一张纸条的两面全部涂黑。如果不准毛笔经过纸条边缘，那么涂完一面以后，必须提起毛笔，至少使它离开纸条一次，才能涂到另一面。

把第二张纸条扭转180度，粘成一个纸圈。现在再用毛笔来涂这个纸圈，你会发现，毛笔不用离开纸面就可以把它全部涂黑。这是怎么回事？原来这个纸圈只有一个面，真是不可思议！数学家称这个纸圈为“牟比乌斯带”，因为它是德国数学家牟比乌斯在1858年首次做出来的。请你再做一个牟比乌斯带，用剪刀沿虚线把它从中间剪开。你一定以为会得到两个纸圈吧。其实，大大出乎你的预料，你会得一个比原来长一倍窄一半，而且又是普通的有两面的纸圈了。

现在做最后一个最奇妙、也是最精彩的实验。把第四张纸条扭转360度，沿两条虚线把它剪开，剪出的不是三个分开的纸圈，而是三个一样大小，互相套在一起的纸圈！拓扑学就要研究这些纸圈，你说奇不奇？

我国数学的“世界之最”

我国不但是数学史最长的国家，而且在世界数学发展过程中占有重要的地位。我国在历史上的10项光辉成就，在世界数学史上享有崇高的荣誉，远远走在世界各国的前面。

位值制的最早使用，我国是十进制和二进制的故乡。甲骨文和金文就用十进制的记载，二进制则起源于《周易》中的八卦。

分数的最早使用，《九章算术》是世界上系统叙述分数的最早著作，比欧洲早约1400多年。

小数的最早使用，刘瑾在1300年左右于《律吕成书》中记录了世界上最早的小数表示法。

负数的最早使用，负数最早出现于我国《九章算术》的《方程》一章中。

勾股定理，国外也称毕达哥拉斯定理，但商高提出勾股定理比毕达哥拉斯早100多年。

圆周率的精确率，祖冲之使圆周率准确到小数点后7位，创立了当时世界最精确记录。

二项式系数法则的最早发现，早在11世纪，贾宪就已发现二项式系数的规律，并作出了一张图，称开方作法本源图。

最早的不定方程，真正最早提出不定方程的是我国的《九章算术》而不是丢番图。

增乘开方法，增乘开方术最早见于贾宪的著作，后经杨辉、秦九韶等人不断完善。

中国剩余定理，又称孙子定理，最早见于《孙子算经》一书中。

漫谈尺规作图三大难题

同学们一开始学习《平面几何学》，直尺和圆规就成了亲密伙伴，利用它们就可以作出各式各样的几何图形。

如果仅仅运用直尺和圆规，根据某些已知条件，求作一个几何图形，这就叫做尺规作图问题，也叫做几何作图问题。

几何作图问题，对发展学生的智力是有益的，在这一节里我们想通过古代尺规作图三大难题的故事，向读者介绍尺规作图的解决准则（或者称为判别法）。

古代尺规作图三大难题的故事

在上古时代，大约纪元前5世纪时，人们就提出，既然一个线段可以三等分，那么一个角能不能三等分呢？显然，所给的角要是90°，或者是180°，用尺规三等分是极为容易的。所谓三分角问题，就是说任意给定一个角，作图工具仅限于直尺和圆规，问能不能将这个角三等分。这是历史最为长久，流传最为广泛的一个几何作图问题。2000 多年来，不断有人在这个题目上花费时间。如 1936 年 8 月 18 日《北京晨报》上曾经发表了一条消息说：郑州铁路站站长汪君，耗费了 14 年的精力，终于解决了三分角问题，并把作法寄住各国，颇引起国内外人士的注意。可是不久，就有许多人陆续地指出他的作法是错误的。1966 年以前，中国科学院数学研究所每年都接到不少“解决三分角问题”的来稿，可是每稿都有错误，后来只好在《数学通报》上发表启事，让人们不要白白浪费时间去解这个不可解的几何作图题。三等分任意一个角是不可解的。这一事实早在 100 多年前，人们就清楚了。

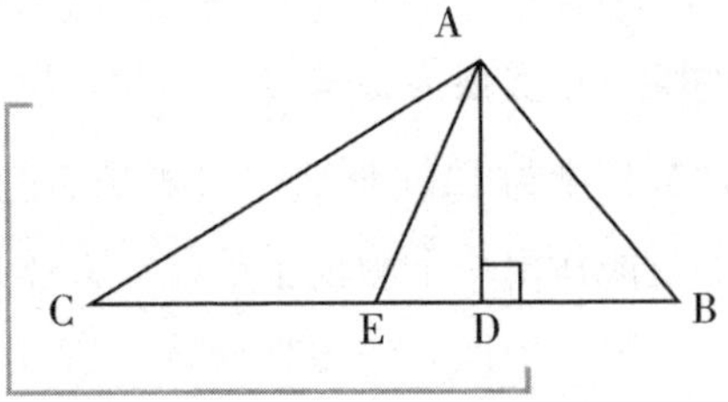

三等分角

第二个作图难题是倍立方问题。就是要求作一个立方体，使其体积等于已知立方体体积的两倍。关于这个问题的提出，曾经有过这样一个有趣的传说：远在纪元前 4 世纪的古希腊，瘟疫流行，到处死人，无法解除。有人便请教当时唯心主义的哲学家柏拉图。他便许愿说：“将续利亚神庙的立方体祭坛扩大一倍来祈求神的宽赦，这样，把神的怒气平下去，瘟疫也就消灭了。”因此，人们就将祭坛的各棱延长一倍，重新建造了这个祭坛。结果瘟疫照常流行。当再次请教柏拉图时，柏拉图看了新建的祭坛后说：“所造的新祭坛比原来的祭坛扩大了八倍，而不是一倍，所以不能解除瘟疫的流行。”人们为了解除灾难，便千方百计地想办法，如何造出一个新的祭坛，使它的体积恰好是原来的祭坛的两倍，这样就轰动了当时希腊的数学界，所以倍立方问题又以“续利亚神问题”相传。

传说未见得是真，但数学问题却是千真万确的，显然，从代数的观点来看，若设原立方体祭坛的棱长为 a，新立方体祭坛的棱长为 x，则倍立方问题即可表示为代数方程：

$$x^3 = 2a^3$$

不妨设 $a=1$，则问题变为三次方程式 $x^3=2$ 的求解问题。显然，此方程的唯一正实根为 $x=\sqrt[3]{2}$。因此，取定一个线段，把它看作“单位长”（即规定其长度为1），那么，只要我们能用直尺和圆规，作出一条线段之长为$\sqrt[3]{2}$，那就能作出一个两倍于单位立方体来。然而，这也是不可能的。

第三个尺规作图难题就是圆化方问题，即要求作一个正方形，使其面积等于一个已知圆的面积。设正方形的边长为 x，圆的半径为 r，则圆化方问题即可表示为代数方程：

$$x^2=\pi r^2$$

不妨设 $r=1$，则圆化方问题变为 $x^2=\pi$ 的方程是否有正实根的问题，也就是依靠直尺和圆规作出一条线段，使它的长度等于$\sqrt{\pi}$。由此可见，圆化方的问题和 π 值的计算问题是紧密联系在一起的。圆化方的问题虽然在古希腊数学史上出现得最早，但是，却没有有意识地去寻求 π 值的计算，在我国古代，对于 π 值的研究和计算，却有着光荣而悠久的历史。伟大的数学家祖冲之（429～500）对 π 值的研究和计算有很大的贡献，远在公元460 年，他就求出 π 的值是：

$$3.1415926<\pi<3.1415927$$

当时祖冲之为了便于人们使用，还确定出用两个比较精密的分数$\frac{22}{7}$作为约率；$\frac{355}{113}$作为密率。这是祖冲之继我国古代另一位数学家刘徽的割圆术之后，对 π 值的计算工作的重要发展。它成为古代数学史上光辉的一页。当然，现在有了电子计算机，要算出 π 值的上千万位那是轻而易举的事，可是在公元5 世纪，计算工具非常落后的情况下，祖冲之能算出这样准确的结果，需要付出何等艰苦的劳动啊！德国数学家奥托于公元 1573 年才获得这个近似数值，比祖冲之晚了 1100 多年。也就是说外国人直到公元 16 世纪，在 π 值的计算上，才超过祖冲之的研究成果。由此可以看出祖冲之这一光辉成就的世界意义，也可以看到我们伟大祖国古代的数学已经发展到相当高的水平。

关于圆化方问题，早在公元前古埃及的数学家曾得到这样一个结论：

“如果正方形的边长等于圆的直径的$\frac{8}{9}$时，则它们的面积相等。”当然，在今天看来这个结论是错误的，但在远古时代能得到这样的近似值，还是令人惊奇的。这就是圆化方问题最早的研究成果。据传说，埃及人是用经验的方法得到这个结果的，埃及人是在圆和边长等于圆的直径的正方形上铺上一层种子，再分别计算这两个图形上种子的粒数。知道正方形上种子的粒数开始时一定比圆上的多，然后逐步缩短正方形的边长，并且重复这样的试验，最后得出结论：只有当正方形边长等于圆的直径的$\frac{8}{9}$时，正方形上种子的粒数才等于圆上种子的粒数。即通过这样试验的方法得到当正方形的边长等于圆的直径的$\frac{8}{9}$时，该两图形的面积相等，当然，这只是个精确度很差的近似等式。

从上述三个尺规作图难题的故事中，我们看到人们为了寻找这三个问题的答案，走过了多么艰难曲折的路程。用的时间是1000多年，花费的精力之大也是无法统计的。从而，我们想到：能不能给出一个解析判别法，根据已知条件判别一下，能解还是不能解，一看就知道，免得我们再遇到此类问题时走弯路，当然这是不成问题的。

每一个平面几何作图题，都可以放到坐标平面上来考虑，这只要在平面上引进坐标系就可以了。

平面几何作图题总是要求人们去作出一些线段，或者去定出一些点的位置，因为点的位置都可用坐标来确定，所以归根结底，作图题无非是要求人们去作出具有某种长度的线段，当然，每两个坐标点联结起来也就确定一条线段。因此又可以说，几何作图归根结底无非是要求定出某些坐标点。

在平面几何作图题里，总可以把一条已知线段（或给定的某一线段）当作“单位长线段”，就是说，把已知线段作为长度是1的线段，于是利用尺规作图，很容易将该线段n等分，从而求得长为$\frac{1}{n}$的线段，再相比线段m倍，又可得到长为$\frac{m}{n}$的线段。总之，一切以有理数为长度的线段都可以作出来，往下我们把点的坐标或线段长度都简称为“几何量”。

设 r 为任一正有理数，则以平方根$\sqrt{r}$为长度的线段也可以作出来，事实上，利用 $1+r$ 为直径作半圆，从线段连接点 p 引垂线交圆周于 Q，则$\overline{PQ}=\sqrt{r}$。由此看来，一切以正有理数的平方根为长度的线段都可用尺规作出来。

重复上述过程，可见以$\sqrt[4]{r}$、$\sqrt[8]{r}$、…为长度的线段也都可以作出来。一般说来，只要是有理数经过有限多次“加、减、乘（乘方）、除、开平方”五则运算得出的数量，都可以用尺规作出以这些数量为长度的线段来。因此，这些数量就可以叫做“可作图几何量”，例如下面的数量：

$$\sqrt{\left(7+\sqrt{\frac{2}{3}+\sqrt{5}}\right)\times\sqrt{\frac{3}{5}}}$$

这就是一个“可作图几何量”，因为人们总可以用尺规作出以这个数量为长度的线段来。若 a、b、c 表示已知线段，K 表示自然数，下面一些简单式子所表示的都是“可作图几何量”：

（1）$a+b$；（2）$a-b$（$a>b$）；（3）Ka；（4）$\frac{a}{K}$；（5）$\frac{ab}{c}$；（6）$\sqrt{ab}$；

（7）$\sqrt{a^2+b^2}$；（8）$\sqrt{a^2-b^2}$（$a>b$）

这些式子所表示的几何作图题，都是大家熟知的平面几何中的作图题。（1）、（2）是作两线段的和与差；（3）、（4）是作两线段的倍数和分量；（5）是作已知三线段的第四比例项；（6）是作两已知线段的比例中项；（7）是作直角三角形的斜边；（8）是作直角三角形的直角边。

柏拉图限制作图工具的意义

古代尺规作图三大难题之所以难，就难在作图工具只能用直尺和圆规。如果作图工具不加限制，那么这三个问题都很容易解决。我们以最困难的圆化方问题为例，如图，设已知圆的半径为 r，则它的面积为 πr^2。我们用泥土作一个正圆柱，使其下底与已知圆等积，高为$\frac{r}{2}$，然后，让这个圆柱在平面上滚一周，在平面上就滚出一个矩形。它的长为 $2\pi r$，宽为

$\frac{r}{2}$，因为$\frac{r}{2}\cdot 2\pi r=\pi r^2$，所以，这个矩形的面积与圆的面积是相等的，从而，问题就变为求作一个正方形与此矩形具有相等的面积。这显然是容易办到的。

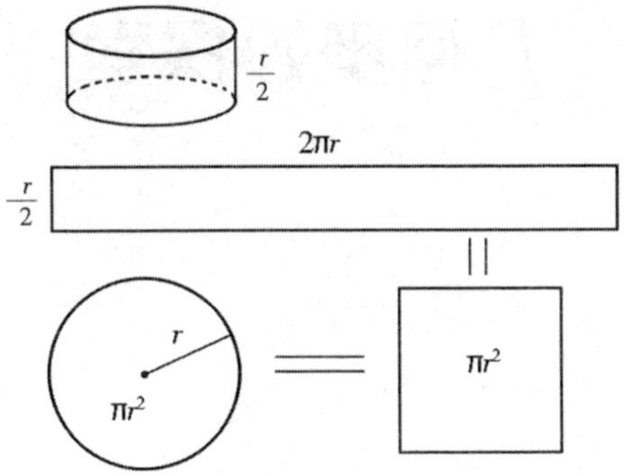

现在我们认为，这种限制没有必要了，作图时可以使用任何工具，只要作法正确就行，然而，如果古代希腊数学家柏拉图及其学派，不做这样限制，那么关于这三个难题的许许多多的讨论和研究也就不会发生，因而也许就不会导致数学里许许多多新的方法、新的领域的建立。可以这样说，希腊几何学家所发明的新定理和方法，差不多都是因为要解决这三个问题而引出来的。柏拉图及其学派作这种限制的历史意义，也就在于此了。

从笛卡尔创建《解析几何学》开始，到尺规作图解析判别法的获得，我们还可以看到：一般数学方法的获得，远比解决一个具体问题重要得多，正是由于用代数方程来研究几何问题的新方法的出现，尺规作图解析判别法才能产生，这就说明，我们在研究数学问题时，不仅要一个问题一个问题地去探讨，更要注意学习和研究处理数学问题的新方法，这也是学好数学的一条重要途径。

几何奥妙探索

形的起源

早在远古洪荒时代，我们的祖先在与大自然作斗争以保存与发展自身的同时，也直接通过无数次的观察，体验自然界的种种事物以获取知识。相对于数的概念的起源来说，古人对形的认识要更直接、具体些。因为自然界始终把它的种种模样展现在他们面前，让古人直接从中提取形式。因而可以说数属于创造，形属于摹写。

自然界只是为人类提供了摹写的对象，人类要获得形的概念必须通过生产实践。只有当人类意识到形式可以脱离具体对象，并且明确地把形式本身分离出来的时候，才能称得上有了图形的概念。

我们远古时代的祖先为了生存而狩猎，当他们多次被植物的刺扎伤皮肤之后，逐渐意识到带刺类的物体可以刺入皮肉，于是通过摹写制造了最早的矛——带尖的木棍出现了。他们在制造了一边厚一边薄的石斧、弯的弓、直的箭的过程中，不仅仅被动地领会了自然界的启示，而且逐步从自然界中分离出形的概念。

古人类处在严酷的自然环境中，雷鸣电闪、地震、洪水、火山、猛兽的伤害等等严重地威胁着他们的生存。他们不能不对直接影响他们生存的动物、植物产生崇拜、恐惧的想法。这样就产生了最早的图腾崇拜与宗教仪式。从产生于35000年到40000年前的旧石器时代的洞穴艺术中，我们看到反映古人社会关系、生殖礼仪、成年礼、狩猎前的仪式的壁画，这些图画是如此粗犷、宏伟，每个看过的人都会产生心灵的震动。

因此，图形是人类对外界事物的反映和思想表达的一种形式，它产生于古人的生产方式以及与之相应的宗教意识中，它最初与最强的表现对象只能是最能引起人类注意并强烈想要表现的事物。现代考古学种种发现都证明了上述论断。

几何图形

图形最早出现在氏族的图腾崇拜和原始的宗教仪式中，它的表现形式是偶像及仿拟动物行为的舞蹈以及图画。幻术与图腾出现了，服务于这一行业的巫师也出现了。从旧石器时代的葬礼和壁画来看，图形的样式由原来的直接写真转变为简化了的偶像和符号。例如，我国河南安阳出土的旧石器时代的车轴、陶器等古代文物，装饰上有复杂的图形，是由五边形、七边形、八边形与九边形组成的精美图案。陶器上鱼的形象也是由简单线条象征性表达的。

虽然所有那些富于宗教性的图形，更多的是具有习俗和幻术的价值，并在后来发展成神灵观念的体现，但就图形本身来说，它却反映了由直接摹写到抽象表现的转变。它比写真图具有更大的可变性与欣赏价值，表现了生命对理性规范的渴望，进而影响到美的判断与标准。比如，对于平衡、对称、和谐、均匀的偏爱，为图形的几何化创造了条件。

图形几何化的主要动力是人类的生产实践。在旧石器时代晚期，生产力进一步发展，编织、轮的使用、砖房的建设，进一步促进几何图形的出现与认识。编织既是技术又是艺术，因此，除了一般的技术性规律需要掌握外，还有艺术上的美感需要探索，而这两者都必须先经实践再经思考才能实现，这就给几何学与算术打下了基础。因为织出的花样，其种种形式与所含经纬线的数目，本质上属于几何性质，因而必须引起对于形和数之间一些关系的深刻认识。

图形几何化的动力不仅限于编织，轮子的使用和砖房的建造都直接加深和扩大了对几何图形的认识。轮子的发明具有巨大的物质效果和科学意义。但其中最显著的作用大约要算对圆的认识和自觉应用了。长期以来，人们对轮和圆保持着认识上的一致性，轮的巨大效用使人们产生对圆的偏爱和关注，加深对圆的认识和研究，明显的例子是圆周等分和轨迹的思想。直至今日，圆仍然是中学生学习的主要几何图形之一。

建筑操作特别是砖房的建造对几何学基础的影响要早于土地丈量。砖的使用出现于新石器时代，其独特的形状给人以强烈的印象。砖必然是长方体状的，不然就难于相互配合而砌成墙，而配合使用必然会提出直角与直线的观念。直线出现于制绳时织工拉紧的线，在建房中再次出现直线的形象，让人看到它的作用。

房屋建筑促进了直线、平面和立体的度量，因为它展示了平面面积与立体体积随着边的长度而变化的的关系，为用边的长度来计算面积和体积奠定思想基础。建筑操作的发展又产生了比例设计法，这对几何学的发展起一个促进作用。

陶器的制作，尤其是陶器花纹的绘制有利于对空间关系的认识。空间关系，实质就是相互位置和大小的关系。前者由物体的彼此接触或毗连，由“……之间”、“在里面”等词语来表示；后者则用“大于”、“小于”等词语来表示。例如，公元前4000年至公元前3500年，埃及陶器上和波斯尼亚新石器时代陶器上的彩纹，都明显地表现出平行线、折线、三角形、长方形、菱形和圆，而且三角形又可细分为任意三角形、等腰三角形和等边三角形。

自然界几乎没有真正的几何图形，然而人类通过编织、制轮、建屋等实践造出的形状多少有点正规，这些不断出现而且世代相传的制品提供了相互比较的机会，让人们最终找出共同之处，形成抽象意义下的几何图形。

实验几何

公元前4000年前后，人类由野蛮进入文明，由弱小分散的氏族部落组织结合成庞大而有序的社会——古代埃及。尼罗河定期泛滥，大量的冲积淤泥经常覆盖地界。这种自然、地理现象对埃及古文明产生深远的影响，也促进了古代埃及几何——测地术的诞生。尼罗河一年一度的泛滥既肥沃了埃及的土地，也给土地所有者带来麻烦。他们的地界每年都被冲毁，必须用几何手段重新丈量。因此，国土的地理条件和社会条件迫使埃及人发明土地测量技术。几何学也就作为一种以观察的结果为定律的经验科学应运而生了。

在世界上各民族的发展史上，几何学的产生大多出现在测量之中，我国古代称测量人员为“畴人”，后来引申为一切数学家和天文学家。正是通过测量长度、确定距离、估计面积和体积，人们发现了一些最简单的一般规律和一些几何关系。

由英国人兰德于 1858 年在埃及购买的，后收藏于英国博物馆的古埃及的“兰德”草卷是目前尚存的最古老的数学文献，其中载有 85 个数学问题，26 个是关于几何学的。从中可以看出当时埃及已经会求许多平面图形的面积和立体图形的体积了，知道了等腰三角形的面积等于底边乘高的一半，并且用直观方法验证了这个结论。其中还有关于土地面积和谷仓容积的问题，计算的准确性令人吃惊。“草卷”的第三部分讲述如何去确定正方形、矩形、三角形、梯形以及能分割成这些形状的土地的面积。也就是说，埃及人把正方形、矩形、三角形和梯形作为基本图形，用于对其他各种图形面积的比较和计算。埃及人关于圆面积的计算也比其他民族的计算结果更精确。他们把圆面积确定为以直径的 8/9 为边长的正方形的面积，即 $S=(\frac{8}{9}D)^2$，这相当于 $\pi=3.1605$，精度相当之高。

在体积计算方面，埃及人得出上、下底部是正方形的棱台体积公式 $V=\frac{h}{3}(a^2+ab+b^2)$，这完全是个精确公式！除了出色地解答难题外，埃及人还能找到近似的解法。与古埃及同时代的巴比伦也在几何学上有不少发现，这里就不多介绍了。

古代埃及的几何学只是一些经验公式，几乎没有正式的记号，没有有意识的抽象思维，没有得出一般的方法论，没有证明甚至没有直观推理的想法，以证明他们所做的运算步骤或所用公式是正确的。总之，在古埃及、巴比伦两个文明古国，数学并没有成为一门独立的学科，几何学是从古希腊人那儿形成的一门学科。

《几何原本》

古希腊大数学家欧几里得是与他的巨著——《几何原本》一起名垂千古的。这本书是世界上最著名、最完整而且流传最广的数学著作，也是欧几里得最有价值的一部著作。在《几何原本》里，欧几里得系统地总结了古代劳动人民和学者们在实践和思考中获得的几何知识。欧几里得把人们公认的一些事实列成定义和公理，以形式逻辑的方法，用这些定义和公理来研究各种几何图形的性质，从而建立了一套从公理、定义出发，论证命题得到定理的几何学论证方法，形成了一个严密的逻辑体系——几何学。而这本书，也就成了欧式几何的奠基之作。

2000多年来，《几何原本》一直是学习几何的主要教材。哥白尼、伽利略、笛卡尔、牛顿等许多伟大的学者都曾学习过《几何原本》，从中吸取了丰富的营养，从而作出了许多伟大的成就。

全书共分13卷。书中包含了5条“公理”、5条“公设”、23个定义和467个命题。在每一卷内容当中，欧几里得都采用了与前人完全不同的叙述方式，即先提出公理、公设和定义，然后再由简到繁地证明它们。这使得全书的论述更加紧凑和明快。而在整部书的内容安排上，也同样贯彻了他的这种独具匠心的安排。该书由浅到深，从简至繁，先后论述了直边形、圆、比例论、相似形、数、立体几何以及穷竭法等内容。其中有关穷竭法的讨论，成为近代微积分思想的来源。仅仅从这些卷帙的内容安排上，我们就不难发现，这部书已经基本囊括了几何学从公元前7世纪的古埃及，一直到公元前4世纪——欧几里得生活时期——前后总共400多年的数学发展历史。这其中，颇有代表性的便是在第1卷到第4卷中，欧几里得对直边形和圆的论述。正是在这几卷中，他总结和发挥了前人的思维成果，巧妙地论证了毕达哥拉斯定理，也称“勾股定理”，即在一直角三角形中，斜边上的正方形的面积等于两条直角边上的两个正方形的面积之和。

他的这一证明，从此确定了勾股定理的正确性并延续了2000多年。《几何原本》是一部在科学史上千古流芳的巨著。它不仅保存了许多古希腊早期的几何学理论，而且通过欧几里得开创性的系统整理和完整阐述，使这些远古的数学思想发扬光大。它开创了古典数论的研究，在一系列公理、定义、公设的基础上，创立了欧几里得几何学体系，成为用公理化方法建立起来的数学演绎体系的最早典范。照欧氏几何学的体系，所有的定理都是从一些确定的、不需证明而礴然为真的基本命题即公理演绎出来的。

这一方法后来成了用以建立任何知识体系的严格方式，人们不仅把它应用于数学中，也把它应用于科学，而且也应用于神学甚至哲学和伦理学中，对后世产生了深远的影响。尽管欧几里得的几何学在差不多2000年间，被奉为严格思维的几乎无懈可击的范例，但实际上它并非总是正确的。人们发现，一些欧几里得作为不证自明的公理，却难以自明，越来越遭到怀疑。比如“第五平行公理”，欧几里得在《几何原本》一书中断言：“通过已知外一已知点，能作且仅能作一条直线与已知直线平行。”这个结果在普通平面当中尚能够得到经验的印证，那么在无处不在的球面之中（地球就是个大曲面）这个平行公理却是不成立的。罗伯切夫斯基和黎曼由此创立了球面几何学，即欧几里得几何学。

但是，在人类认识的长河中，无论怎样高明的前辈和名家，都不可能把问题全部解决。由于历史条件的限制，欧几里得在《几何原本》中提出几何学的“根据”问题并没有得到彻底的解决，他的理论体系并不是完美无缺的。比如，对直线的定义实际上是用一个未知的定义来解释另一个未知的定义，这样的定义不可能在逻辑推理中起什么作用。又如，欧几里得在逻辑推理中使用了“连续”的概念，但是在《几何原本》中从未提到过这个概念。

蝴蝶定理

1815 年，西欧《男士日记》杂志上刊出一份难题征解，题目如下：

过圆的弦 AB 的中点 M 引任意两条弦 CD、EF，连接 ED、CF 分别交 AB 于 P、Q 两点，求证 $PM=QM$。

由于图形酷似一只蝴蝶，该命题取名为“蝴蝶定理”。一直过了 4 年无人作答。1819 年 7 月，一位自学成才的中学数学教师霍纳给出第一个证明，但其证明方法繁琐难懂。从 1819 年开始，人们努力寻求简洁易懂的新证明，直到 1973 年，中学教师斯特温给出了第一个十分初等、十分通俗的简捷证法，之后，又不断有新的证法发表。

下面介绍斯特温的证明。

令 $MQ=x$，$MP=y$，$AM=BM=a$，$\angle E=\angle C=\alpha$，$\angle D=\angle F=\beta$，$\angle CMQ=\angle DMP=\gamma$，$\angle FMQ=\angle EMP=\delta$。

用 $\triangle_1$、$\triangle_2$、$\triangle_3$、$\triangle_4$ 分别代表 $\triangle EPM$、$\triangle CQM$、$\triangle DPM$、$\triangle FQM$ 的面积，则

$$\frac{\triangle_1}{\triangle_2}\cdot\frac{\triangle_2}{\triangle_3}\cdot\frac{\triangle_3}{\triangle_4}\cdot\frac{\triangle_4}{\triangle_1}=\frac{EP\cdot ME\ \sin\alpha}{CM\cdot CQ\ \sin\alpha}\cdot\frac{MC\cdot MQ\ \sin\gamma}{PM\cdot DM\ \sin\gamma}\cdot$$

$$\frac{PD\cdot DM\ \sin\beta}{FM\cdot QF\ \sin\beta}\cdot\frac{FM\cdot QM\ \sin\delta}{EM\cdot PM\ \sin\delta}=\frac{EP\cdot PD\cdot MQ^2}{CQ\cdot FQ\cdot MP^2}=1$$

由相交弦定理

$EP\cdot DP=AP\cdot BP=(a-y)(a+y)=a^2-y^2$

$CQ\cdot FQ=BQ\cdot QA=(a-x)(a+x)=a^2-x^2$

由于 $EP\cdot PD\cdot MQ^2=CQ\cdot FQ\cdot MP^2$，得

$(a^2-y^2)x^2=(a^2-x^2)y^2$

$a^2x^2-x^2y^2=a^2y^2-x^2y^2$，$a^2x^2=a^2y^2$

由于 a、x、y 皆正数，故得 $x=y$，即 $MQ=MP$，证毕。

斯特温的证明简捷漂亮之处在于：

①平面几何的综合证法（即“看图说话”的方法，用几何的定理公理

来摆事实讲道理)，不易下手，改用了代数的方法。

②欲证 $x=y$，它们含有四个三角形，用面积公式 $\triangle=\frac{1}{2}ab\sin C$ 把 x 与 y 引入等式之中。

③利用面积公式建立等式时，从一似乎“言无之物”的恒等式 $\frac{\triangle_1}{\triangle_2}\cdot\frac{\triangle_2}{\triangle_3}\cdot\frac{\triangle_3}{\triangle_4}\cdot\frac{\triangle_4}{\triangle_1}=1$ 入手，抄入面积公式时，同一个分数的分子分母中 sin 下的角取等角，以便把三解函数约掉，只剩线段比。

④用相交弦定理把 $EP\cdot PD$ 与 $CQ\cdot FQ$ 化成 x、y 的表达式。

斯特温的证明通俗到初中的孩子们都能在 5 分钟内看懂的程度，对于这样一个困惑数学家很久的难题，该证明真是漂亮无比。

由于椭圆面是正圆柱面斜截面，圆柱的底是此椭圆面的投影，若此椭圆上有一弦 $A'B'$，中点是 M'，过 M' 引椭圆两弦 $C'D'$，$E'F'$，连 $E'D'$、$C'F'$，分别交 $A'B'$ 于 P'、Q' 两点，则此带“′”的图形的投影如蝴蝶形，当且仅当 $M'P'=M'Q'$，所以蝴蝶定理对椭圆也成立。

悖论——让你是非难辨

数学悖论

常识和科学告诉我们：假如说一个论断是正确的，那么，无论作怎样的分析、推理，总不会得出错误的结论；反过来，也是一样。于是，早在两千多年前的古希腊，人们就发现了这样的矛盾：用公认的正确推理方法，证明了这样两个“定理”，承认其中任何一个正确，都将推证出另一个是错误的。甚至有这样的命题：如果承认它正确，就可以推出它是错误的；如果承认它不正确，又可以推出它是正确的。

这种事看来十分荒唐，而事实上它是客观存在的。这种现象科学家称之为“悖论”。今天，虽然数学家还不能合理地解释悖论，但正是在这种解释的努力中，数学家一系列的发现，导致了大量新学科的建立，推动了数学科学的发展。悖论还反映了严密数学科学并不是铁板一块，它的概念、原理之中也存在许多矛盾。数学就是在解决矛盾中逐渐发展完善起来的。悖论的存在，还告诉人们，在学习与研究数学时，必须牢记古希腊数学家的名言：要怀疑一切，只有这样才能有所发现。

罗素悖论

一天，萨维尔村理发师挂一块招牌：村里所有不自己理发的男人都由我给他们理，我也只给这些人理发。于是有人问他："您的头发由谁理呢?"理发师顿时哑口无言。因为，如果他给自己理发，那么他就属自己给自己理发的那类人，但是，招牌上说明他不给这类人理发，因此他不能自己理。如果由另外一个人给他理发，他就是不给自己理发的人，而招牌上明明说他要给所有不自己理发的男人理发，因此他应该自己理。由此可见，不管怎样推论，理发师的话都自相矛盾。

罗 素

这就是著名的"罗素悖论"，它是由英国哲学家罗素提出来的。他把关于集合论的一个著名悖论用故事通俗地表达出来。

1874 年，德国数学家康托尔创立了集合论，而且很快渗透到大部分数学分支，并成为它们的基础。但到了 19 世纪末，集合论中接连出现了一些自相矛盾的结果，特别是 1902 年罗素悖论的提出，使数学的基础动摇了，这就是所谓的第三次"数学危机"。

此后，为了避免这些悖论，数学家们做了大量研究工作，由此产生了大量新成果，也带来了数学观念的革命。

部分与整体相等吗

整体大于部分，这是一条古老而又令人感到无可置疑的真理。把一个苹果切成三块，原来的整个苹果当然大于切开后的任何一块，但这仅仅是对数量有限的物品而言的。17 世纪科学家伽利略发现，当涉及无穷多个物品时，情况可就大不一样。

比如有人问你整数和偶数哪一种数多呢？也许你会认为：当然是整数比偶数多，而且是多一倍，我们可以用一一对应的方法来比较一下事实是不是这样：…，-3，-2，-1，0，1，2，3，4，5，6，…；…，-6，-4，-2，0，2，4，6，8，10，12，…。对于每一个整数，我们可以找到一个偶数和它对应，反过来对于每一个偶数我们又一定可以找到一个整数和它对应，这就是整数和偶数是一一对应的，也就是说整数和偶数一样多。为什么会得出这样的结论呢？这是因为我们现在讨论的整数和偶数是无限多的，在无限的情况下整体可能等于部分。

在这个思想的启发下，19世纪后期德国数学家康托尔创立了集合论。它揭示出：部分可以和整体建立一一对应关系。它也告诉人们：不要随便地把在有限的情形下得到的定理应用到无限的情形中去。

任意三角形都等腰吗

设ABC为任意三角形，作$\angle C$的平分线和AB边的垂直平分线，设两线的交点为E。从E作AC和BC的垂线EF和EG，并且连结EA和EB。

现在，直角三角形CFE和CGE是全等的，因为每一直角三角形都以CE为共同的斜边，而且$\angle FCE=\angle GCE$（由角平分线定义），于是，$CF=CG$。同时，直角三角形EFA和EGB是全等的，因为一个三角形的直角边EF等于另一个三角形的直角边EG（角C的平分线与该角的两边距离相等），并且因为一个三角形的斜边EA等于另一三角形的斜边EB（线段AB的垂直平分线的任意一点E与线段的两个端点距离相等），所以$FA=GB$。

由上面两条得出：$CF+FA=CG+GB$（等量加等量），即$CA=CB$。也就是说，这个三角形是等腰的。

这个结论肯定是错误的，因为很容易作出一个三条边长为3、4、5的三角形，它当然不是等腰三角形，而我们的结论却说这样一个三角形也一定是等腰的。那么，错误出在哪里呢？问题在于：E点的位置一般来说总是在$\triangle ABC$的外面而不是在它的里面。可见，正确作图也可以帮助我们理解许多问题。

直角也能等于钝角吗

直角等于90°，而钝角都大于90°，它们怎么能相等呢？

设 $ABCD$ 为任意矩形，在矩形之外作与 BC 等长的线段 BE，因而它也等于 AD。作 DE 和 AB 的垂直平分线：因为它们垂直于不平行的直线，它们必定相交于一点 P。连 AP，BP，DP，EP。由于在一条线段的垂直平分线上任意一点到该线段的两个端点等距离，所以 $PA=PB$，$PD=PE$。此外，根据作图，$AD=BE$，所以，在 $\triangle APD$ 和 $\triangle BPE$ 中，三条边分别对应相等。于是，$\triangle APD$ 与 $\triangle BPE$ 是全等的。所以 $\angle DAP=\angle EBP$，但是，因为 $\angle BAP$ 与 $\angle ABP$ 是等腰三角形 APB 的底角，所以 $\angle BAP=\angle ABP$。于是 $\angle DAP-\angle BAP=\angle EBP-\angle ABP$（等量减等量），即 $\angle DAB=\angle EBA$。也就是说一个直角等于一个钝角。

谁都知道这个结果是错的，但错在什么地方呢？原来，一般来说，PE 根本就不会通过矩形 $ABCD$ 的内部。只要把图作得标准一点，就会发现这一点。

中立原理

火星上有人吗？世界会发生一场核战争吗？如果你回答这类问题，说肯定和否定是同样可能的，你就笨拙地应用了“中立原理”。不小心使用了这一原理使很多数学家、科学家，甚至伟大的哲学家陷入糊涂中。经济学家约翰·凯恩斯在他著名的《概率论》一书中把“理由不充足原理”更名为“中立原理”，说明如下：如果我们没有充足理由说明某事的真伪，我们就选对等的概率来确定每一事物的真实值。现在让我们看看如果把上述原理应用于火星和核战争问题，将引起怎样的矛盾？火星上可能有某种生命形式的概率是多少？应用中立原理回答是1/2。在火星上连简单的植物生命都没有的概率也为1/2。没有单细胞动物的概率还是1/2。按照概率定律，后两种情况同时存在的概率是1/2乘1/2，答案为1/4。这就意味着火星上有某个形式生命的概率将增到 1－1/4＝3/4。这就说与我们估计的 1/2 相矛盾了。根据中立原理，在公元 2020 年发生核战争的概率为 1/2。那么原子弹不会落在美国、俄罗斯等任何一国国土上的概率也为 1/2。如我们将这一理由应用到 10 个不同国家，则原子弹不会轰炸其中任何一国的概率就是 1/2 的 10 次方，即 1/1024，用 1 减这个数就得到原子弹轰炸任何一国的概率为 1023/1024。

其实，中立原理在概率论中是可以合法应用的，但仅当两种概率相等时才奏效。

人口爆炸

人口爆炸

近来，我们听到很多关于地球上人口增长多么快的议论。妇女反对控制生育同盟主席宁尼夫人不同意这种说法，她的观点是：一个人生来就有父母双亲。这父母二人中每一个又有一父一母。这就有四个祖父母辈的人。每个祖父或祖母又有父母二人，所以就有 8 个曾祖父母。你每往上数一辈，祖宗的数目就增加一倍。如果你回溯到中世纪，你就会有 1048576 个祖宗！把这个应用到今天每个活着的人身上，那么中世纪的人口就会是现在人口的 100 多万倍！宁尼夫人肯定不对，可是她的推理哪出了错呢？

宁尼夫人论点的谬误在于：她既没有考虑到一个祖宗上远亲联姻的夫妇，又没考虑到构成每个活人的祖宗上的人群的大量“交迭”。这样她在关于人口中就有成千上万人计算了成千上万次，所以导致了她这一谬误的观点。

绕着一个姑娘转圈

“啊！梅蒂尔，你在树后藏着吗？”当一个男孩绕着树转的时候，梅蒂尔也这样做，她绕着树横走，鼻子总是朝着树，所以那男孩始终看不到她。他们这样绕树转一圈后，都回到了原来位置。这时，男孩绕梅蒂尔转了一圈吗？当然了，他既然绕着树转了一圈，就必然绕着姑娘也转了一圈，但是，这个观点并站不住脚，因为即使那里没有树，他也一直未能看到梅蒂尔的后背，既然是绕着一个物体转一圈怎么能看不到它的所有各面呢？

这个古老的悖论一般是经猎人和松鼠的形式出现，松鼠蹲在树枝上，猎人绕着树枝转的时候，松鼠也一直在转，所以它总是在面向猎人。当猎人绕树转一圈后，他也绕松鼠转了一圈吗？

“绕着转了一圈”这意味着什么？如果我们在这方面没有一致的看法，则对上面的问题显然是无法回答的，当双方一旦认识到他们所争论的只是如何定义一个词时，困难就很快解除了。

不可逃遁的点

帕特先生沿一条小路向山顶进发。他早晨七点动身，当晚七点到达山顶。第二天早晨七点沿同一条小路下山，那天晚上七点钟，他到达山脚。在那里，他遇到了他的拓扑学老师克莱因夫人。克莱因夫人对他说：“你好，帕特！你可曾知道你今天下山时走过这样一个地方，你通过这点的时刻恰好与你昨天上山时通过这点的时刻完全相同？”帕特听后非常惊讶：“您一定是在开我的玩笑，这绝对不可能，我走路时快时慢，有时还停下休息和吃饭。”克莱因夫人笑了笑说：“你可以设想一下，当你开始登山的时候，你有个替身在同一时刻开始下山，那么你们必定在小路上某一点相遇。我不能断定你们在哪一点相遇，但一定有这样一点。这个故事为拓扑学家所称的“不动点定理”提供了一个很简单的例证。这个定理首先为荷兰数学家 L. E. J. 布劳尔在 1912 年所证明。它具有许多奇妙的应用。例如，由这个定理可以断言：在任一时刻，在地球上至少有一个地点没有风。用它还讲了这样一个事实：如果一个球面完全被毛发覆盖，那么无论如何也不能把所有的毛发梳平，有趣的是，我们却可以把覆盖整个圆环面上的毛发梳平。

小世界概论

近来很多人相信巧合是由星星或别的神秘力量引起的。譬如说，有两个互不相识的人坐同一架飞机。二人对话。甲说："这么说，你是从波士顿来的！我的朋友露茜·琼斯是那的律师。"乙说："这个世界多小啊！她是我妻子最好的朋友！"这是不大可能的巧合吗？统计学家已经证明并非如此。

在麻省理工学院，由伊西尔领导的一组社会科学家对这个"小世界概论"作了研究。他们发现，如果在美国随选两个人，平均每个人大约认识1000个人。这时，这两个人彼此认识的概率为1/100000。而他们有一个共同的朋友的概率却急剧升高到1%。而他们可由一连串熟人居间联系（如上面例举的二人）的概率实际上高于99%。换言之，如果布朗和史密斯是在美国任意选出的两个人，上面的结论就表示：一个认识布朗的人，几乎肯定认识一个史密斯熟识的人，这回你应该明白为什么"世界这么小"了吧？那是因为人与人之间由一个彼此为朋友的网络联结，而且这个网络联结得相当紧密。

“形”象万千

美妙的对称

闹钟、飞机、电扇、屋架等的功能，属性完全不同，但它们的形状却有一个共同特性——对称。在闹钟、屋架、飞机等的外形图中，可以找到一条线，线两端的图形是完全一样的。也就是说，当这条线的一边绕这条线旋转180°后，与另一边完全重合。在数学上把具有这种性质的图形叫作轴对称图形。电扇的一个叶子不是轴对称图形，但电扇的一个叶如果绕电扇中心旋转180°后，会与另一个扇叶原来所在位置完全重合，这种图形数学上称为中心对称图形，所有轴对称和中心对称图形统称为对称图形。

闹钟、飞机、电扇的对称形状不仅是美观，而且还有一定的科学道理：闹钟的对称保证了走时的均匀性，飞机的对称使飞机能在空中保持平衡。

对称也是艺术家们创造艺术作品的重要准则。像中国古代的近体诗中的对仗，民间常用的对联等，都有一种内在的对称关系。对称在建筑艺术中的应用就更广泛。中国北京整个城市的布局是以故宫、天安门、人民英雄纪念碑、前门为中轴线对称的。对称还是自然界的一种生物现象，不少植物、动物都有自己的对称形式。

堆垛问题

我们在码头、堆栈和仓库等堆物处，常可见到各种堆垛，形因物而各具规律，整齐而便于检点，计数时常有简便的方法。研究堆垛的计数和求积，在数学上叫做堆垛问题。

水泥管或圆木等物体常堆放成三角或梯形垛，这种堆法不但牢固，且占地面积小，方便计算，其求和公式为 $S=1/2\times$（底层个数 + 顶层个数）×层数。

棉纺厂准备车间生产的筒子，常堆成“正方锥垛”，底层是“正方形”，以上逐层每边减少 1 个，顶层是 1 个。总和计算公式为 $S=1^2+2^2+3^2+\cdots+(n-1)^2+n^2$（$n$ 为层数）。

工厂生产的木箱，有的堆成“长方楔垛”。设其顶层宽为 1 个，长为 M 个，以下逐层宽、长各多 1 个，底层宽 N 个，则长为 $M+(N-1)$ 个，求和公式为 $S=1/6N(N+1)(2N+3M-2)$。

精巧的蜂巢

蜜蜂既是辛勤的采蜜者，又是效率很高的花粉传播者。可是，你是否知道，它还是生物界里出色的“建筑师”哩。

蜜蜂用蜂蜡建造起来的蜂巢是一座既轻巧又坚固，既美观又实用的宏伟建筑。达尔文还曾经对蜂巢的精巧构造大加赞扬。蜂巢看上去好像是由成千上万个六棱柱紧密排列组成的。从正面看过去，的确是这样，它们都是排列整齐的正六边形。但是就一个蜂房而言，并非完全是六棱柱，它的侧壁是六棱柱的侧面，但棱柱的底面是由三个三等菱形组成的倒角锥形。两排这样的蜂房，底部和底部相嵌接，就排成了紧密无间的蜂巢。

蜂巢的这种结构很自然地吸引了人们的注意。在 200 多年以前，有人曾测量过蜂巢的尺寸，结果发现了一个奇妙的规律：不论蜂房的大小如何，它底部菱形的锐角都是 70°32′。这难道是偶然的吗？蜂房是由工蜂分泌的蜂蜡筑成的，有人从中得到启示：蜂房底部的菱形取这样奇特的形状，是不是为了使蜂蜡最节约，而又使这样形状的蜂房最宽畅呢？果然不错，数学家计算表明：如果筑成这样形状的蜂房，要使蜂蜡用得最少，也就是要使表面积最小，那么，这个蜂房底部菱形的锐角必须是70°32′。原来小小的蜜蜂还是生物界“精打细算”的能手呢！

蚊香盘法

蚊香虽是一种除害灭蚊的药品，但就其形状来讲，分析一下对我们分析问题和解决问题的能力会有一些帮助。一袋蚊香，像一个圆面，但又不完全一样。分开来，便成完全一样的两盘，每一盘的形状好象海螺的外壳，它绕着“中心”一边旋转，一边又向外伸展，我们叫它螺线。蚊香为什么要盘成螺线形状呢？原来蚊香形状是根据二心渐伸螺线设计的。它除了十字线的中心 O 外，还有两个心为 O_1 和 O_2，O_1 和 O_2 相距 7 毫米。实际上，这条螺线是由很多以这两个心为圆心的半圆弧光滑地连接起来的。起点与邻近一心的距离 $O_2A=8$ 毫米。每盘蚊香粗 7 毫米，两条边缘也都是二心渐伸螺线，只是起点不同，它们与中心线起点各相距 3.5 毫米。

蚊香盘成这样形状有许多好处。首先，它的长度适中，905 毫米，约可点燃 7.5～8 小时，这样既不至于半夜就烧完，又可避免不必要的浪费。且占地面积小，不易折断，便于包装、运输。其次由于做成了螺线形状，它一边旋转，一边渐伸出去，相邻两圈之间又有一定空隙，蚊香燃烧时，不会延及另外一圈。再次，我们在制作时，只要设计尺寸恰当，就可使空隙之处正好又做一盘，一举“两得”你说妙不妙？

谈谈管道口径

管道，我们在生活中经常见到，如自来水管、煤气管、污水管……如果你去过化工厂的话，厂里各种管道纵横交错的现场，一定给你留下深刻的印象。这些管道的粗细虽然不全一样，但它们口径的形状却都是圆的，这是为什么呢？这就涉及一个问题：周长一定的管道截面，成何种形状时，才能使管道截面的面积最大，流量也最大？这也是数学上有名的等周问题：周长一定的平面图形中，以哪种形状的面积为最大？这个问题的回答是：当制造周长一定时，那么做成圆形时流量最大。

根据这一等周定理，不仅是管道，还有其他许多东西都是做成圆的。例如，食品罐头，各类瓶子、杯子、烟囱等等。另外，你可曾见过这种现象：雨过天晴，汽车身上偶尔淌下的油滴，浮在柏油路的水面上，竟会反射出五光十色的美丽色彩来。你再仔细观察一下，还会发现这一圈圈的油滴，不论大小如何，却都是圆的！原来，这是油的表面张力遵循等周原理的结果。

星形线与折叠式车门

普通的房门是完整的一扇，一般的校门是对开的两扇，而公共汽车的门不但是对开的两扇，而且每一扇都由相同的两半铰链铰接而成。开门关门时，以靠近门轴的半扇绕着门轴旋转，另半扇的两端沿着连接两个门轴的滑槽滑，开门时一扇门折拢成为半扇，关门时又重新伸展成一扇。公共汽车的这个特殊门是根据星形线设计制造的。

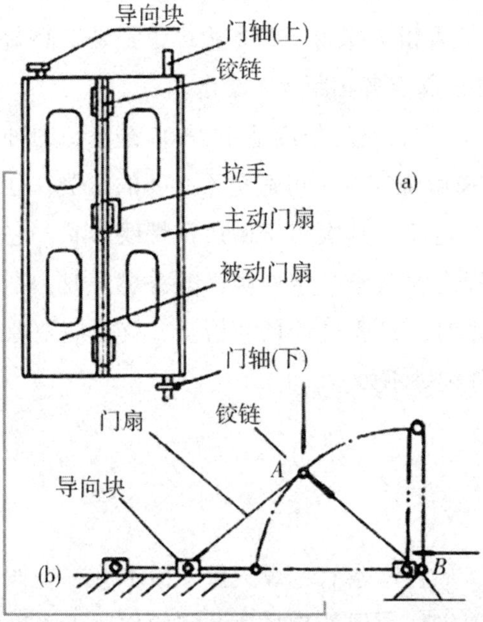

折叠式车门

星形线像夜空中光芒四射的星星，因此得名。在纸上任意作若干长度为 R 的线段，使它的两端分别在 X 轴和 Y 轴上，然后在每一象限线里画一段光滑曲线弧，使它们与这些线段相切，这样一条星形线就画出来了。

一扇折叠式的公共汽车门可以表示成平面形式，其中 O 是门轴，OB 是滑槽。在车门开闭过程中，定长 BC 的两端分别沿 X 轴和 Y 轴滑动，因此可得到一条星形线。但由于车门只在第一象限活动，所以一扇门实际活动的形状如上图的形状。它是由圆弧 MN 和星形线弧 NP 构成，也就是说这扇车门活动的范围，是由扇形 OMN 的面积、三角形 ONQ 的面积与星形弧线所组成的曲边三角形组成。根据计算，它的总面积为 $5/16\ a^3$。而一扇宽度为 $2a$ 的普通车门开关过程中占用面积为 a^2，因此一扇折叠门大大节省了空间，以使车辆载更多的乘客。

彩虹般的拱桥

桥有各式各样的形状，有一类桥，它们的形状犹如缤纷的彩虹，飞架在江河之上，十分美丽，人们称它为拱桥。许多桥为什么要造成拱形的呢？这不单是拱桥形状好看，更重要的是拱桥有许多优点。如果在一根平直的横梁上面加压重量，就可以看到，梁的中部最容易弯曲甚至折断；而且从它的断面可以看出，梁的底部是被拉力拉断的，梁的上部是被压力压坏的，这样拉力和压力总和加起来，就是通常所指的“弯力”。如果我们把梁柱改为拱形，那么外加压力作用下产生的“弯力”就能沿着拱圈传送到支座，并经过支座传送到地下。这样，“弯力”对拱桥本身的影响就可以大大减小。如果拱的曲线形状设计得恰当，“弯力”影响可以减少到最低程度，甚至为零。

正是由于上面所说的原理，所以许多桥都造成拱形的。如世界闻名的安济桥和赵州桥在我国都有着悠久的历史，在漫长的岁月里，它们饱经风霜，车辆重压，洪水冲击，地震摇撼的考验，至今仍矫健屹立。

伞形太阳灶的奥秘

太阳灶利用太阳辐射出来的热量，可以烧水、煮饭、炒菜。也许你会感到奇怪，太阳光怎么能烧得熟食物呢？奥秘在于太阳灶有一个聚光的装置，它能将太阳光反射集中到一个地方，使这个地方的温度达到好几百度。这样，只要在这个地方放上一个锅，就可以烧水、煮饭、炒菜了。

可是，道理说起来简单，而要使太阳反射点达到足够高的温度却不那么容易。这还得要借助于伞形太阳灶的几何形状——旋转抛物面，这是由抛物线，绕着它的轴旋转一周而成的。为什么旋转抛物面有这么大本领呢？原来，它是利用了光在曲面上反射具有的选择最短路线的性质，让入射到抛物面上的平行太阳光会聚到焦点上去，使焦点处的温度大大提高了。这就是伞形太阳灶能烧水、煮饭、炒菜的数学和物理原理。

扁形运液筒

你可曾注意到，汽车背脊上的大桶，多数呈椭圆形状，即它的两个底面都是椭圆（数学上称椭圆柱体）。为什么汽车上的大桶要做成椭圆形状呢？

原因主要是在于容积相同的条件下，椭圆形桶与长方体形的桶相比较用料上要节约一些。除了节省材料的原因之外，还有一个强度问题。椭圆桶的外受力比较均匀，牢固而且不易撞坏，而长方体的棱角多，焊接多，棱处受力特别大，容易破裂。所以汽车运输液体的桶一般不做成长方体的形状。

再与圆柱桶相比较。仍在容积相同的条件下，圆柱桶比椭圆桶省料。如果单从节省材料的角度看，应该把桶底做成圆形的，但由于圆柱桶要比椭圆桶高和狭，它的重心比较高，不稳定，两边还要用支架，汽车的宽度也不能充分利用。

综上所述，椭圆桶较省料，又牢固，重心低，比较稳。这就是汽车背脊上的大桶做成椭圆形的道理。

七巧板可以拼成各种有趣的图案

七巧板

小朋友们对七巧板可能是再熟悉不过了。七巧板是我们祖先发明的一种玩具。它是由 5 块三角形、1 块正方形、1 块平行四边形的板组成。据说在 1000 多年前唐朝的时候，有人用一套可以分开、拼合的桌子在宴请客人的时候摆成各种有趣的图案，来增加宴会的气氛。后来，经过了许多人的精心琢磨，这种桌子慢慢演变成了今天的七巧板。

这七巧板的独特之处就在一个“巧”字。它们可以互相调换摆成人体，动物等各种图案。比如用正方形板表示人头；用三角形板表示动物的嘴；用平行四边形表示人的身体。有了这些基本图形，再加上三角形拼起来能出现多种不同的形状，七巧板就拼出了各种有趣的图案。

三脚架竖立的秘密

三角架有许多用处：摄影爱好者用它来支撑照相机；露营野炊者用它来做烧水做饭的支架……三角架简单实用，但使用时必须注意，三角架的“头”应处在它的三只“脚”所构成的三角形之中，这样才稳定。若“头”偏出了三只“脚”所在的三角形区域外，那么三角架就会翻倒。这是因为任何物体都有一个重心，如果物体的重心越出物体支撑点范围，物体就会不稳甚至翻倒。要使三角架稳定，就应该使它的“头”落在它的支撑点的范围——三角架的“脚”所构成的三角形之内。所以正确掌握重心位置是物体稳定的关键，表演杂技顶花瓶的演员正是利用了这一道理，才会有惊人的表演。演员把一根木棒顶在放有花瓶、茶杯等东西的玻璃板下，使得玻璃板上的重心落在木棒上，玻璃板上的花瓶、茶杯等就不会翻转。

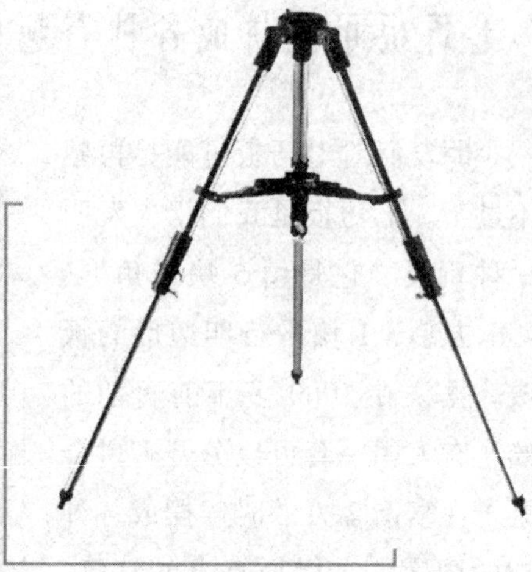

三脚架

一般可以用几何作图求三角形的重心，在 $\triangle ABC$ 的三条边 AB、BC、AC 上，分别找到它们的中点 D、E、F，连结 AE、BF、CD，那么这三条线必相交于一点 O，O 点就是这个三角形的重心。

地球仪表面上的纸是如何贴上去的

如果请人把一张纸贴在圆圆的皮球上，那么无论你怎样贴，也不会把它贴得很平整。可是，圆圆的地球仪表面上的世界地图却贴得平平整整，没有皱折和重叠的地方，你知道这是为什么吗？

原来，要把一张准确的世界地图贴在圆圆的地球仪上，并不是一件简单的事。数学家和技术人员经过周密的计算，把世界地图分成 12 块相等的两端尖中间宽的纸条，然后再一张一张地拼着贴上去，制成地球仪的表面。这样，地球仪表面的地图就没有皱纹了。

现在你能明白为什么地球仪不是完完整整的一张纸制成的但又很平整的原因了吧？做地球仪的原理其实跟做灯笼一样，假设你想用纸糊一个灯笼，那你一样得是经过计算做出若干大小相等且两端尖中间宽的纸条，然后贴上去，就制成了一个和地球仪一样表面平整的圆灯笼。

铺砖的难题

铺地面用的马赛克，不管镂刻什么图案，砖形都是正方的或是正六边形的。这简单的工艺暗含有几何问题。用几块正多边形的砖，将它们拼接在一起，要它们摊得平（不凹不凸）凑得满（不露缝不裂口）。希望做到这一步，必须各砖凑在一起各角之和是360°。为此，我们把几个简单的正多边形的内角排列出来：

正多边形数3、4、5、6、8、9、10、12的每个角度数分别为60°、90°、108°、120°、135°、140°、144°、150°。如果只许用一种形状的砖，便只有三角形、正方形、正六边形可取。6个三角形，4个正方形，3个正六边形都能在一点凑成360°。但是单用三角形拼成的图案不美观，实际上为了工艺方便普遍采用方砖和六角砖。

单用边数为5、8、9、10、12的正多边形都不能拼成平面，如果用几种正多边形拼凑，根据各角之和等于360°，还是能拼出平面的。当然，这种平面的图案变化就会比较复杂。

折纸中的数学问题

给定一个正方形纸片，能否通过折这张纸作出指定的图形。折纸是一种游戏，这种游戏既简单又普及，这里面却有许多数学问题。

三等分任意角

用直尺和圆规不能作出任意角的三等分线，其原因是尺规作图有局限性，如果放弃这种限制，改用其他方法三等分任意角可以实现。比如折纸就可三等分任意角。下面是三等分任意锐角的折纸方法。

在正方形纸片 $ABCD$ 上折出给定的角 $\angle PBC$，对折正方形。

使 A、B 重合，得折痕 EF，再对折矩形 $BCFE$，使 B、E 重合，得折痕 GH（如图1）；

翻折角 B，使 B 重合在 GH 上记为 B'，且使 E 重合在 BP 上记为 E'，点 G 折后的点是 G'，折痕是 XY（如图2）；

折出直线 BG'、BB'，则折痕 BB'、BG'为 $\angle PBC$ 的三等分线（如图3）。

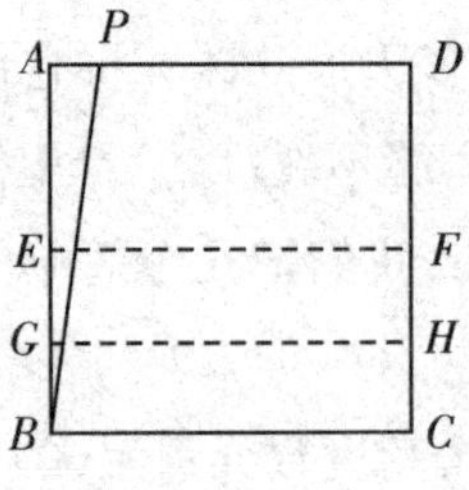

图1

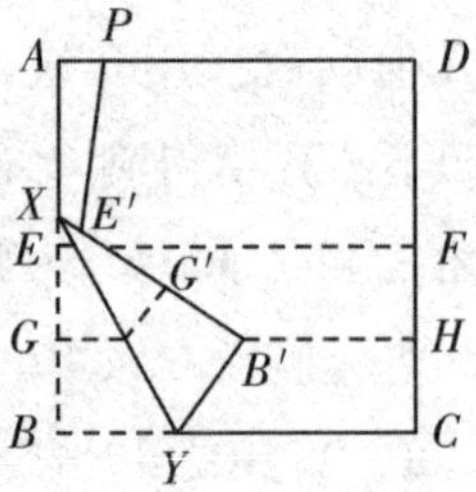

图2

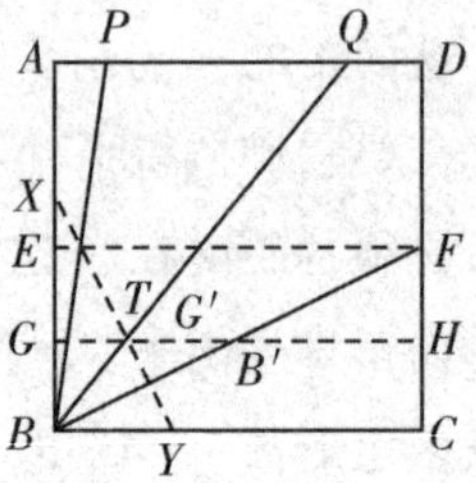

图3

事实上，从图2中可知，B 与 B'是关于 XY 的对称点，而 GB'与 GH 重合，$B'G \perp BE$，所以，$BG' \perp B'E'$。又因为 $B'G' = BG = GE = G'E'$，所以 $\angle E'BG' = \angle B'BG'$。即 BG'是 $\angle B'BE'$的平分线。

设 BG'与 $B'G$ 交于点 T（如图3），因为 $B'T /\!/ BY$，所以，$BT /\!/ B'Y$。进而得 $BT = YB'$，又 $YB' = YB$，所以 $BT = BY$。因 B、B'是 XY 的对称点，所以 $BB' \perp XY$。也就是 $TY \perp BB'$。这样，BB'与等腰三角形 $\triangle BYT$ 的顶角 B 的高线重合，即 BB'是 $\angle TBY$ 的平分线。

折纸时，折起的部分与重合于它的那部分是对称图形，对称轴是折痕，使折纸中出现了许多相等的量。折纸相当于几何中构作对称图形，用对称的性质分析和处理问题是折纸的自身特点。

在正方形内折出内接正三角形

内接三角形是指其顶点在已知正方形边上的三角形。随意作一个内接三角形是十分容易的，但是作内接正三角形就不很容易。

假设正方形的一个顶点 A 是要作的内接正三角形的一个顶点，那么另两个顶点一定是分别在正方形的 BC 边和 CD 边上，分别设这两点为 P 和 Q，因为 $AP = AQ$，而 $AB = AD$，$\angle B = \angle D$，所以，$\angle BAP = \angle DAQ = (90° - 60°) \div 2 = 15°$。

在已知正方形的顶角内，只要折出30°角就能通过折角分线得到15°角，而在90°角内折出30°角实际上是把90°角三等分，依前面给出的方法，这是可以办到的，其实对90°这样的特殊角，还有更简单的折纸三等分方法。下面是正方形内接正三角形的折纸方法。

①对折正方形 $ABCD$，使 A、B 重合，得折痕 EF；

②固定点 A，折起 AB，使点 B 落在 EF 上，记这一点为 G，得折痕 AH（如图4）；

③折出直线 AG，再分别折起 AB 和 AD，使 AB 与 AH 重合，得折痕 AP，使 AD 与 AG 重合，得折痕 AQ，折出直线 PQ（如图5）。

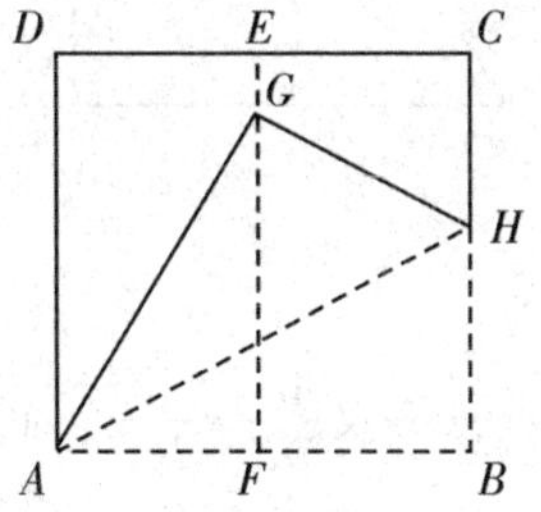

图4

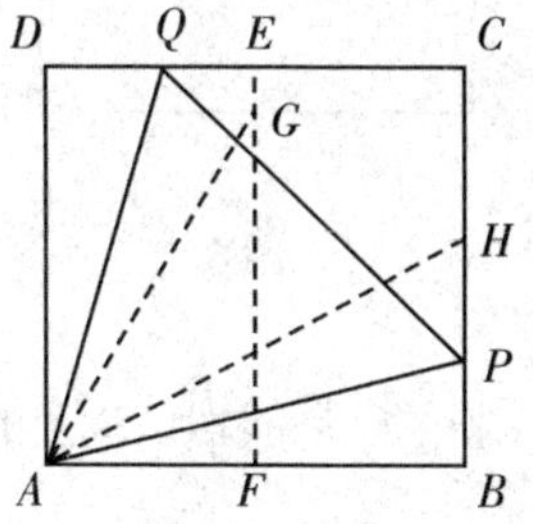

图5

折痕 $\triangle APQ$ 是正三角形，而且是正方形 $ABCD$ 的最大的内接正三角形。

在以上作法中，$\angle GAB=60°$，这是因为 EF 是 AB 的垂直平分线，$AG=AB$，于是 BG 是 AG 关于 EF 的对称线段，$\triangle ABG$ 是正三角形，$\angle GAB=60°$。

折出黄金分割点

在一条线段上有这样一点，它分已知线段为两部分，长的一部分是短的一部分与原线段的比例中项。这样的点叫作黄金分割点。即若设线段为 AB，其长度是1，点 C 在 AB 上。$AC=x$，且 $\frac{1}{x}=\frac{x}{1-x}$，$x=\frac{\sqrt{5}-1}{2}$，则 C 点就是黄金分割点。

求作黄金分割点的折纸法是很简单的。

①通过折纸，先将正方形 $ABCD$ 的 B 与 C 重合，找到 BC 的中点 E，折

出直线 AE（如图6）；

②折起 EB，使 B 点落在 AE 上点 K 处，EB 与 AE 重合。EF 是折痕，F 在 AB 上（如图6）；

③折起 AB，使点 B 落在 AE 上点 B' 处，AB 与 AE 重合，折痕是 AH，重合于 AE 上点 K 的 AB 上的点记作 K'（如图7）。

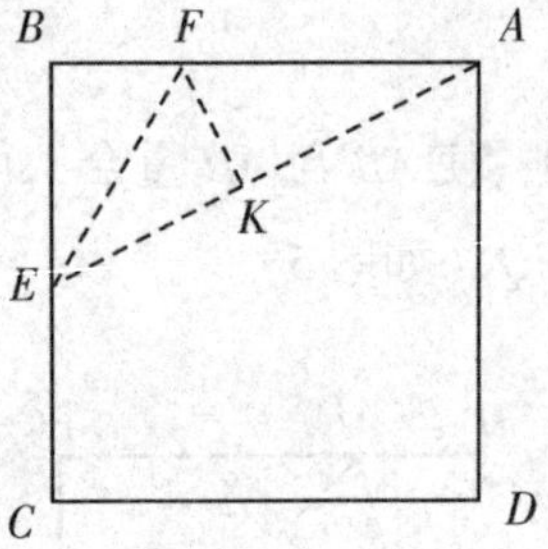

图6

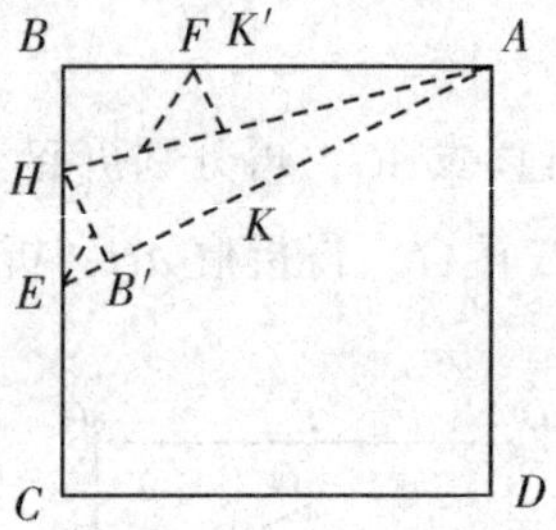

图7

这样一来，K' 是线段 AB 上的黄金分割点，不仅 $\frac{AB}{AK'}=\frac{AK'}{BK'}$，而且还有 $\frac{BE}{BF}=\frac{BF}{BE-BF}$。

设 $\angle BEF=\theta$，则 $\angle AEB=2\theta$

$\therefore \mathrm{tg}2\theta=2=\frac{2\mathrm{tg}\theta}{1-\mathrm{tg}^2\theta}$

令 $\mathrm{tg}\theta=x$，得方程

$2=\frac{2x}{1-x^2}$

即 $x^2+x-1=0$

得 $x=\frac{\sqrt{5}-1}{2}$，即 $\mathrm{tg}\theta=\frac{\sqrt{5}-1}{2}$

得 $\frac{BF}{BE}=\frac{\sqrt{5}-1}{2}$

抄近道的几何学

人们无论做什么事情，都喜欢寻找快捷方式，以最短的时间完成想做的事情，以达到事半功倍的效果。

一般来说，走路也是一样，人们总是愿意走胡同，把这样叫做“抄近道”，因为抄近道要近一些，为什么抄近道就会近一些呢？这就是一个几何学原理。

下面我们来做一个小实验帮助你理解这个问题。你找出三个纽扣，把两个纽扣在桌上放好，用一根线把它们穿起来，注意线要拉直，把第三个纽扣放在桌面上，不要让三个纽扣在一条直线上，你还用那根线把三个纽扣连起来，你会发现线不够长，这说明两个点之间以直线的距离最短，这是几何学中一个古老而又著名的定理。其实，生活中到处都有几何学的影子，你注意到了吗？

弧形滑梯与最速降线

有两条滑梯：一条的滑道是斜线；另一条的滑道是弧线。如果有甲乙两个体重相等的小孩同时从滑梯顶部 O 点往下滑，甲沿着斜线滑道下滑，乙沿着弧线滑道下滑，那么哪个小孩先滑到底部 A 点呢？

弧形滑梯

一般人认为，甲滑过的路程是直线，路程最短，所以甲孩先到达 A 点。这样分析是错误的。因为谁能最先到达底部，不但与路程长短有关，还与滑行的速度有关。

甲沿着斜线 OA 下滑，是做匀加速运动，速度从0开始，缓慢而均匀地增大；乙沿弧线下滑速度也是从0开始，但刚开始就是一段陡坡，速度迅速增大，使得乙的滑行速度比甲快，虽然比甲多走了一些路，但究竟谁先到终点就难说了。科学家研究后发现，只要将弧形滑梯设计成摆线形，就可以成为滑得最快的滑梯。

这个寻找“最速降线”的问题，最初是由瑞士数学家约翰·贝努利提出的。后来经他和牛顿、莱布尼兹、雅各布·贝努利等人的努力，发现侧着倒放的摆线弧下滑，比任何曲线都快。这一问题的解决，为后来发展成一门非常有用的数学新分支——变分法奠定了基础。

球形结构之谜

当你乘着轮船，沿着黄浦江航行，眺望两岸时，就一定能见到许多盛有各种液体的贮油桶，它们高的几十米，矮的也有近十米，大小虽不一样，但看上去都显得十分“匀称”，既不“胖”，也不“瘦”。像这样底面直径和高恰好相等的圆柱体叫做等边圆柱。

贮液桶一般常做成等边圆柱。那么，它们为什么不做成“胖”的或者“瘦”的，而要做成胖瘦适中，看上去很匀称的等边圆柱呢？这不仅是为了外形的美观，更主要是为了节约造桶的材料。用数学语言来表达就是：在圆柱的容积 V 保持一定数值的情况下，圆柱体取什么样的形状，它的全面积达到最小。我们已经通过计算证明等边圆柱的全面积最小。

但我们应该注意，上面的结论只对有盖的圆柱适用。如果无盖的圆柱，做成等边圆柱就不是最省料的了，而是应制成它的直径等于高的二倍的圆柱，它的形状看上去比较扁胖。

螺形外貌之谜

螺丝帽有好几种形状，最常见的是正六角形，有时也可看到正四角形、正八角形等等。螺丝帽为什么不做成圆形呢？因为机器开动时总会发生松动。因此，螺帽装到机器上去时，必须用“扳手”紧紧地拧住它。否则，由于机器的振动，螺帽就有可能自己松动而脱落下来，机器就会损坏，甚至造成严重的事故。螺帽做成圆形，虽然可以节省材料，制造也比较方便，但圆的螺帽用扳手不好拧，因而螺帽一般不做成圆形。

那么，又为什么螺帽绝大多数是正四角形、正六角形、正八角形（边数是偶数），而不做成正三角形、正五角形、正七角形（边数是奇数）呢？原来，工人师傅拧螺帽时常用的工具活络扳手“张口”上的“嘴唇”是平竿的。当螺帽的边数是偶数时，它的对边平行，可以用活络扳手“咬”住，而把它按紧；而当边数是奇数时，由于没有两边平行的，用活络扳手就无法拧紧。所以，一般不做奇数边正多边形的螺帽。

现在我们再来分析一下为什么大多数螺帽都做成六角形，而只有极少数做成四角形或其他形状。原因就在于用同样半径的圆做成六角螺帽和四角螺帽，前者留下的面积大，切掉少，能充分利用材料。

跑道的弯与直

你知道为什么田径场的跑道要设计成两头是半圆形的，而中间的两边却是直的呢？

如果跑道全部是直的运动员赛跑时可以不必侧着身子急速的转弯，这当然很好。可是运动项目中有几千米甚至几万米的长跑，如果要在田径场上进行这种比赛，而跑道又全部是直的话，那么这个田径场将要有多大呀！所以跑道全部是直的是不可能的。

那么，跑道设计成圆形，使长跑绕着圈子进行，行不行呢？圆形跑道的好处是可以大大减少占地面积。但这样一来，运动员在奔跑时要时刻改变奔跑的方向，始终处于侧着身体的状态，不能充分发挥赛跑水平，而且百米赛跑也只能在弯道上进行，这当然不行，再说，如果圆形跑道一圈是400 米，那么它的直径约为 127 米。对于这样的尺寸，要在田径场内同时举行标枪、铁饼、手榴弹等项目的比赛，就显得不够大了，而且举行足球赛时宽度够了，长度却不够。造成长方形行呢？更不行，因为在转角处，运动员要在急跑的情况下突然改变运动方向，向左转 90°，这好比快车急转弯，十分危险，运动员要想不摔倒，比较理想的田径场跑道应该是两头圆的中间直的。

三角尺的造型

三角尺，我们不仅常常看到，而且常常用到。它是画图的主要工具之一。利用它可以很方便地画出许多种几何图形。

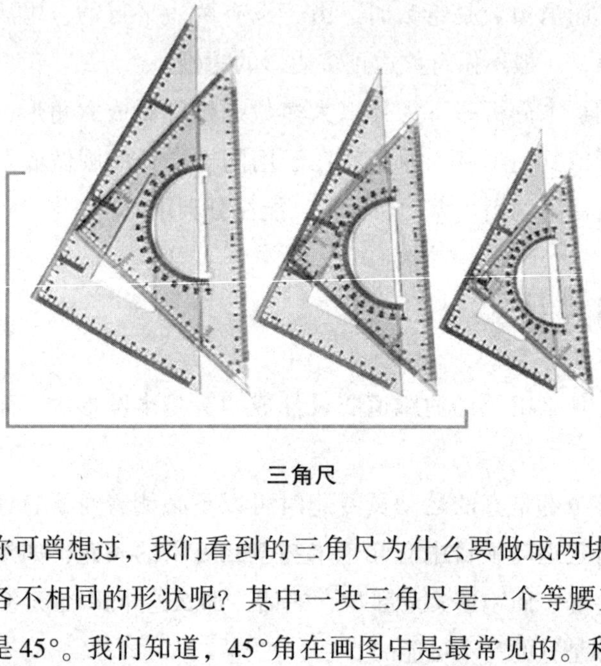

三角尺

但是，你可曾想过，我们看到的三角尺为什么要做成两块都有直角而含有的锐角各不相同的形状呢？其中一块三角尺是一个等腰直角三角形，两个锐角都是 45°。我们知道，45°角在画图中是最常见的。利用它，在制图中可以方便地画出表示金属材料的 45°剖面线；又可以迅速地把一个圆周四等分。

另一块三角尺，有一个锐角是 30°，还有一个锐角是 60°，利用它可以很方便地把一个圆周三等分，或者是六等分。

利用这两个三角尺，可以很方便地建立直角坐标系；也可以画出 0°到 360°之间的 23 个角来（你可以试一试）；还可以利用它上面的刻度来度量长度。其实，一副三角尺的用途还不止此，它还可以用来当角尺，检验某一物体的两条边是否垂直，也可用来寻找一个圆的圆心，还可以用来检验屋梁是否水平。当然，这也超出了画图的范围。

圆在生活中的应用

1. 有利于滚动。无论是汽车还是自行车，它的车身都是装在轴上，如果车的轮子是方形的话，车子走起来就会上下颠簸。圆形的车轮子，轮边到圆中心距离相同，这样走起来车身非常平稳，坐在车里也会感到很舒服。

2. 弹跳有规律。你看过篮球赛就会知道，运动员需要拍着球往前走，拍球时运动员眼睛并不看着球，而是看着场上的运动员。运动员为什么不看球而能拍球自如呢？这是因为圆形弹跳是有一定规律的。除了圆球，其他形状的球弹跳起来会一会儿东，一会儿西，让你摸不着门儿。

3. 容积较大。找来同样大小的两块铁皮做成一个圆碗和一个方碗。把圆碗里装满了水，然后把圆碗里的水慢慢倒进方碗里，你会发现方碗装不下这些水，有些水会流出来。这件事告诉我们，用同样大小的材料做成的圆形装东西最多。

4. 只有一个直径。下水道盖一般是生铁铸成的。每个都有几十斤重，如果掉在水道里，可就不容易往上捞。怎样才能保证下水道盖不管怎样盖法永远掉不下去呢？把盖做成圆形的。有的铁桶饼干，铁桶盖是圆的。你可以动手试一试，不管你怎样盖法，盖子不会掉进桶里。

分圆问题和数学家高斯

什么叫分圆问题呢？这还是一个仅用直尺和圆规将已知圆周 n 等分的几何作图题。粗心的人可能会说：“这有什么好研究的，在中学平面几何中，把圆周三等分、四等分、五等分、六等分，我们都作过，那是极为简单的几何作图题。”是的，这些分圆问题的特例是很简单的尺规作图题，而且，不仅如此，人们很早就能利用尺规把已知圆周 2^n 等分（其中 n 是大于等于

2 的正整数)、3×2^n 等分、5×2^n 等分(其中 n 是 0 或正整数),并且相应地作出圆内接正 2^n 角形、正 3×2^n 角形、正 5×2^n 角形,从等于圆周 1/6 的弧中,去掉等于圆周 1/10 的弧,利用剩下的弧长就能作出正十五角形,即能作出内接正十五角形,于是,我们又能作出圆内接正三十角形、正六十角形及一般形式:正 15×2^n 角形。然而,事情并非如此简单,细心的人马上就会想到:上述分圆问题,只不过是讨论了将圆周三、四、五、六、八、十、十二、十五……等分,仍然还是一些特例。我们不禁要问:"利用尺规能将已知圆周七、十一、十三、十七……等分吗?"特别是当任意给定一个正整数 N,是否总能利用尺规,将已知圆周 N 等分,并且相应地作出圆内接正 N 边形呢?

这个尺规作图难题,在 2000 多年的岁月中,不知有多少人,进行过多少次的尝试,都失败了。正当人类的智慧受到严重考验时,1796 年正在德国哥廷根大学求学的,年仅 19 岁的高斯(1777~1855)成功地找到了仅用尺规作正十七边形的方法,5 年之后,他又证明了下面这样的定理:

边数是 $2^{2^n}+1$ 形状的费尔马素数的圆内接正多边形必能用尺规作图。

可以把这个定理称为高斯判别法,即圆内接正多边形可以用尺规作图的,将 N 这个数分解质因数后仅仅只含有(1)彼此互异的形状为 $2^{2^n}+1$ 的质因数;(2)2 的正整数次幂。反之,如果 N 不是这样的正整数,就不能用尺规作出正 N 边形。

这里特别应该说明的是,$2^{2^n}+1$ 是费尔马数,而费尔马数并非都是素数,例如 $n=5$ 时,

$$N=2^{2^5}+1=4294967297=641\times 6700417。$$

同时,当 $N>5$ 时,$2^{2^n}+1$ 所表示的数中,有素数,也有合数,因此,高斯的这个判别法又可以理解为:凡等分数 N 为 $2^{2^n}+1$ 所表示的素数,尺规作图能解,其他的素数及其乘幂则皆不可解,根据高斯判别法,边数不超过 100 的正多边形中,只有 24 个可用尺规作图,其余 74 个均无解。如正 3、4、5、6、8、10、12、15、16、17、20 边形等都可以用尺规作出,而正 7、9、11、13、14、18、19 边形等却不行,因为虽然它们都为素数,但不

能表示为 $2^{2^n}+1$ 的形状，所以，都不可解。

由于理论推演比较复杂，涉及的数学知识也很多，这里仅仅介绍高斯的作图方法而不加证明，高斯的几何作图法如图：

（1）在单位圆 O 中，作互相垂直的直径 A_1B_1、D_1C_1 为坐标轴。

（2）作 $OB=-\frac{1}{4}$。

（3）以 B 为圆心，BD_1 为半径画弧交横轴于 C 和 C'。

（4）分别以 C'、C 为圆心，以 $C'D_1$、CD_1 为半径画弧交横轴于 D'、D。

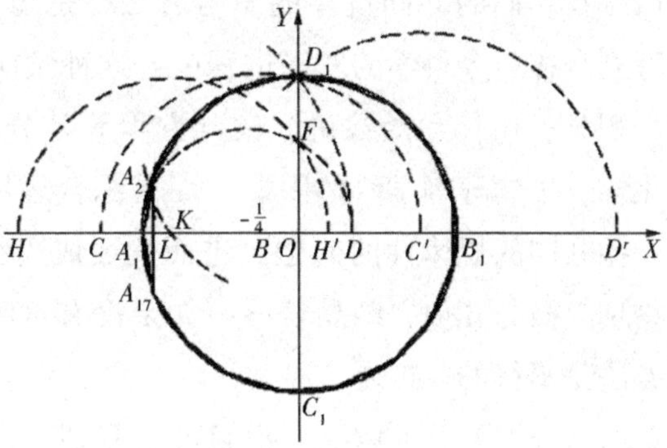

高斯的几何作图法

（5）以 A_1D 为直径作圆交 OD_1 于 F。

（6）以 F 为圆心，$\frac{1}{2}OD'$ 为半径画弧交横轴于 K。

（7）以 K 为圆心，KF 为半径画半圆交横轴于 H、H'。

（8）过 OH 中点 L 作横轴的垂线交⊙O 于 A_2A_{17}，则 A_1A_2 即正十七边形之一个边的长。

（9）以 A_1A_2 从 A_2 开始连续截取单位圆周得 A_3、A_4、$A_5\cdots A_{16}$ 各分点，并用直尺顺次连接各分点即得正十七边形。

于是，年轻的数学家高斯，用代数的方法解决了这个几何难题，不仅第一次作出了正十七边形，更为重要的贡献是：成功地给出了正 N 边形作图可能性的判别方法。

1832 年，德国另一位数学家力西罗，用了 80 张大纸，给出了正 257 边形的完善作法。后来盖尔美斯耗费了十年心血，按着高斯的方法，作出了正 65537 边形。他的手稿占用了整整一只大手提箱。

分圆问题是个几何作图的问题，而 $2^{2^n}+1$ 是否表示一个素数，则是个数论方面的问题。这两者间怎么能发生联系呢？似乎是不可思议的，然而，我们越是这种感觉强烈，就越能说明当时高斯的发现是何等惊人，他不仅出色地解决了2000多年来遗留下来的一个几何作图难题，而且找出了“几何学”与“数论”这两个不同学科之间的微妙联系，这种善于在不同领域内寻找它们的共同规律的思考方法，是值得我们认真学习和大力提倡的。特别是在当今科学的发展进程中，这种倾向非常明显，它不受代数、几何、微积分、拓扑、函数论、微分方程等等分科的限制，也不受数学、物理、化学、生物等等学科的限制，而是综合运用各种理论和方法的积累去研究一些共同的规律性的问题。进而发展成边缘性的学科，如生物化学、数学物理、微分几何、结晶学……如果没有这种观察问题的能力和思考问题的方法是不行的。

从分圆问题的解决，我们可以看到高斯是一位很有才华的数学家，在高等数学中有很多定理、公式和方法是以高斯的名字命名的，他不仅对数学有很大贡献，而且对天文学、测量学、物理学的发展，都有巨大的功绩。

化圆为方

古希腊数学家苛刻地限制几何作图工具，规定画几何图形时，只准许使用直尺和圆规，于是，从一些本来很简单的几何作图题中，产生了一批著名的数学难题。化圆为方问题就是其中之一。

据说，最先研究这个问题的人，是一个叫安拉克萨哥拉的古希腊学者。

安拉克萨哥拉生活在公元前5世纪，对数学和哲学都有一定的贡献。有一次，他对别人说：“太阳并不是一尊神，而是一个像希腊那样大的火球。”结果被他的仇人抓住把柄，说他亵渎神灵，给抓进了牢房。

为了打发寂寞无聊的铁窗生涯，安拉克萨哥拉专心致志地思考过这样一个数学问题：怎样作出一个正方形，才能使它的面积与某个已知圆的面积相等？这就是化圆为方问题。

当然，安拉克萨哥拉没能解决这个问题。但他也不必为此感到羞愧，因为在他以后的2400多年里，许许多多比他更加优秀的数学家，也都未能解决这个问题。

有人说，在西方数学史上，几乎每一个称得上是数学家的人，都曾被化圆为方问题所吸引过。几乎在每一年里，都有数学家欣喜若狂地宣称：我解决了化圆为方问题！可是不久，人们就发现，在他们的作图过程中，不是在这里就是在那里有着一点小小的，但却是无法改正的错误。

化圆为方问题看上去这样容易，却使那么多的数学家都束手无策，真是不可思议！

年复一年，有关化圆为方的论文雪片似地飞向各国的科学院，多得叫科学家们无法审读。1775 年，法国巴黎科学院还专门召开了一次会议，讨论这些论文给科学院正常工作造成的“麻烦”，会议通过了一项决议，决定不再审读有关化圆为方问题的论文。

然而，审读也罢，不审读也罢，化圆为方问题以其特有的魅力，依旧吸引着成千上万的人。它不仅吸引了众多的数学家，也让众多的数学爱好者为之神魂颠倒。15 世纪时，连欧洲最著名的艺术大师达·芬奇，也曾拿起直尺与圆规，尝试解答这个问题。

达·芬奇的作图方法很有趣。他首先动手做一个圆柱体，让这个圆柱体的高恰好等于底面圆半径 γ 的一半，底面那个圆的面积是 $\pi\gamma^2$。然后，达·芬奇将这个圆柱体在纸上滚动一周，在纸上得到一个矩形，这个矩形的长是 $2\pi\gamma$，宽是 $\gamma/2$，面积是 $\pi\gamma^2$，正好等于圆柱底面圆的面积。

经过上面这一步，达·芬奇已经将圆“化”为一个矩形，接下来，只要再将这个矩形改画成一个与它面积相等的正方形，就可以达到“化圆为方”的目的。

达·芬奇解决了化圆为方问题吗？没有，因为他除了使用直尺和圆规之外，还让一个圆柱体在纸上滚来滚去。在尺规作图法中，这显然是一个不能容许的“犯规”动作。

化圆为方问题不可能由尺规作图法来完成。这个结论是德国数学家林德曼于 1882 年宣布的。

林德曼是怎样得出这样一个结论的呢？说起来。还与大家熟悉的圆周率 π 有关。

假设已知圆的半径为 γ，它的面积就是 $\pi\gamma^2$；如果要作的那个正方形边

长是 x，它的面积就是 x^2。要使这两个图形的面积相等，必须有

$$x^2 = \pi\gamma^2$$

即 $x = \sqrt{\pi}\gamma$

于是，能不能化圆为方，就归结为能不能用尺规作出一条像 $\sqrt{\pi}\gamma$ 那样长的线段来。

数学家们已经证明：如果 $\sqrt{\pi}$ 是一个有理数，像 $\sqrt{\pi}\gamma$ 这样长的线段肯定能由尺规作图法画出来；如果 π 是一个“超越数”，那么，这样的线段就肯定不能由尺规作图法画出来。

林德曼的伟大功绩，恰恰就在于他最先证明了 π 是一个超越数，从而最先确认了化圆为方问题是不能由尺规作图法解决的。

有人说，如果把数学比作是一块瓜田，那么，一个数学难题，就像是瓜叶下偶尔显露出来的一节瓜藤，它的周围都被瓜叶遮盖了，不知道还有多长的藤，也不知道还有多少颗瓜。但是，抓住了这节瓜藤，就有可能拽出更长的藤，拽出一连串的数学成果来。

数学难题的本身，往往并没有什么了不起。但是，要想解决它，就必须发明更普遍、更强有力的数学方法来，于是推动着人们去寻觅新的数学手段。例如，通过深入研究包括化圆为方三大几何作图难题，开创了对圆锥曲线的研究，发现了尺规作图的判别准则，后来又有代数和群论的方程论若干部分的发展，这些都对数学发展产生了巨大的影响。

最短距离问题趣谈

19 世纪德国柏林大学数学教授斯泰纳（1796～1863），根据生产实践的需要，研究了一个虽然简单但实用价值很大的问题，即在三个村庄间，建立一座供水站。为节省水管，问怎样选择供水站的地点，到村庄的距离的总长为最短。

换成数学语言就是：

设 A、B、C 是平面内不在同一直线上的三点，求在 $\triangle ABC$ 中找一点 P，

使 $PA+PB+PC$ 为最短。

这个问题还可以推广为：

在 A、B、C 三个村庄间建立一座供水站，已知修往 A 庄的单位造价是 m 元/米，修往 B 庄的单位造价是 n 元/米，修往 C 庄的单位造价是 r 元/米，问供水站建立在何处，才能使总造价最省。

也就是在 $\triangle ABC$ 中，求使

$$m\,\overline{AP}+n\,\overline{BP}+r\,\overline{CP}$$

取极小值 P 点位置。

或者把这个问题变化为：

设三个村庄，每个村庄各有上学孩子为 40 人、50 人、60 人，要在三个村庄间建立一座学校，使所有孩子耗费在走路上的时间总数为最少，即设学校到三个村庄之距离分别为 S_1、S_2、S_3，求使

$$40\,S_1+50\,S_2+60\,S_3$$

取极小值的学校的位置。

尽管上述三个问题提法不同，但都是同一个数学问题，即

在 $\triangle ABC$ 内找一点 P，使

$$m\,\overline{AP}+n\,\overline{BP}+r\,\overline{CP}$$

取极小值。其中 m、n、r 为已知常数（第一个问题是后面两个问题的特例，$m=n=r=1$）。

因为这个问题是斯泰纳首先提出的，所以叫做斯泰纳问题，通常也叫做最短距离问题。这个问题提出后不久，就被解决了，并且得到了广泛的应用。

现给出两种非常有趣的解法。

只要把包含这三个村庄的地图放在一张桌子（或者架起的纸板）上，再在相当于各个村庄的 A、B、C 三处在桌子上打三个

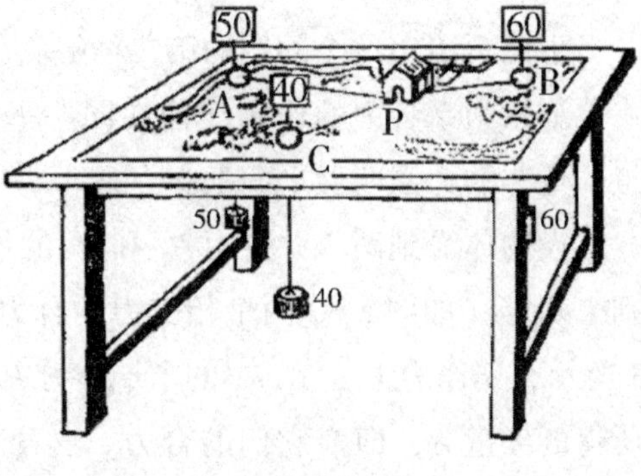

图 1

洞，通过这些洞垂下三条绳子，每条绳子一端分别系上重 40 克、50 克、60 克的砝码，这三条绳子另一端结在一起，我们所要求的点 P（或者学校、供水站）就应该在绳结所停留的地方，如图 1。

这个实验解法十分容易做到，但是，它的道理是什么呢？这倒是值得我们仔细研究的。由物理学可知，若三条绳子上都系 40 克重的砝码，则绳结一定要在 $\triangle ABC$ 三条中线交点处（三角形的重心）停留。即当 $m=n=r$ 时，P 点是在 $\triangle ABC$ 的重心处。若有两条绳子上不系砝码，只有一条（例如 A 点处）系上 120 克砝码，则绳结一定停留在 A 点处。若三条绳子上系着不同重量的砝码，就相当于质量不均匀分布的三角形物体，求该物体的重心位置。

我们把这个三角形物体看成是受三个力（显然是平行力）P_1、P_2、P_3 的作用，可见求重心就转化为求三个平行力合力的问题。因为，这个合力，即物体的重力，并且无论物体处在什么位置上，其重力总是通过一个确定的点，此点即重力的作用点，也就是物体的重心。

由实验的解法容易找到这个点的位置，要用定量的办法确定这个点的位置又如何求呢？当引入 A、B、C 三点的坐标为 $A(x_1, y_1)$、$B(x_2, y_2)$、$C(x_3, y_3)$，再根据平面内任一力系平衡的充分必要条件是：所有各力对平面内任意一点力矩的代数和等于零，立即可得下面重心的坐标公式：

$$x=\frac{\sum_{i=1}^{3}p_i x_i}{\sum_{i=1}^{3}p_i} \qquad y=\frac{\sum_{i=1}^{3}p_i y_i}{\sum_{i=1}^{3}p_i}$$

下面再给出这个问题的第二种解法。

如果力系各力的作用线均在同一平面内，并且各力的作用线汇交于一点，这样的力系叫做平面汇交力系。

设物体受到两个共点力 P_1 和 P_2 的作用，它们的合力可由平行四边形法则来确定（如图 2）。两个相交力的合力，也可用这样的方法来确定。如图 3 所示，先作力 P_1，在 P_1 的末端作力 P_2，然后连接 P_1 的始端与 P_2 的末端所得的矢量 R，即为它们的合力。这种求合力的作图法，叫做力三角形法则，所得的三角形也叫做力三角形。若物体受多个共点力的作用，求这多个力的合力可以连续应用三角形法则，将各已知力首尾相接，连成折线（图4），最后连接折线的首末两点，便得合力。这种求合力的作图法叫做力多边形法则，所得的多边形也叫做力多边形。

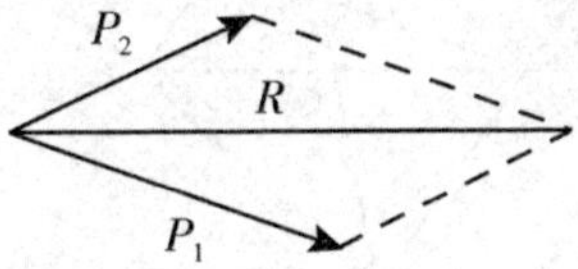

图2

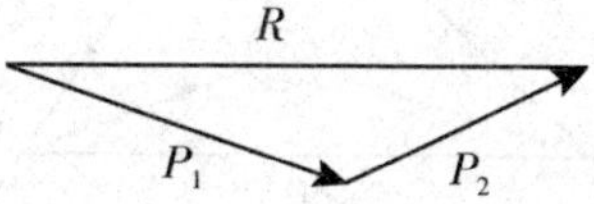

图3

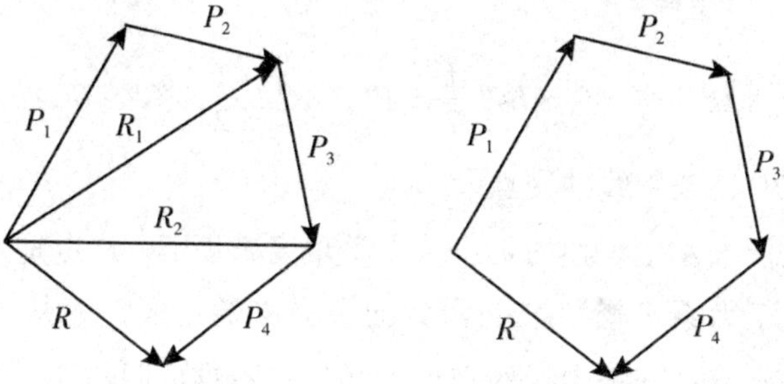

图4

根据平面汇交力系平衡的充分必要条件，力系各力组成的力多边形自行闭合。把三角形看成一个物体受到三个大小和方向都不同的力的作用，使其平衡，则所得到的是一个闭合的力三角形，它的三条边就和这三个力的大小和方向相当。

如图5作一个力三角形，使其各边长分别为40、50、60单位。设顶点A、B、C的三个外角分别为α、β、γ，所求的点P与三个顶点的连线，这些直线所夹的角，即$\angle CPB$、$\angle APB$、$\angle APC$正好等于A、B、C的三个外角，即$\angle APC=\alpha$、$\angle APB=\beta$、$\angle CPB=\gamma$。

为什么P点即为所求之点？P点的位置又是用怎样的作图方法确定的呢？通过下面给出的两个几何作图方法以及读者非常熟悉的平面几何知识，不难给出它的证明。

作法1：如图6在力三角形ABC中，首先作P_1P_2的合力$\overrightarrow{BB'}=\overrightarrow{R_1}$，再作$P_3P_2$的合力$\overrightarrow{CC'}=\overrightarrow{R_2}$，最后作$P_1P_3$的合力$\overrightarrow{AA'}=\overrightarrow{R_3}$，则三个合力相交于

P 点，P 点即为所求。

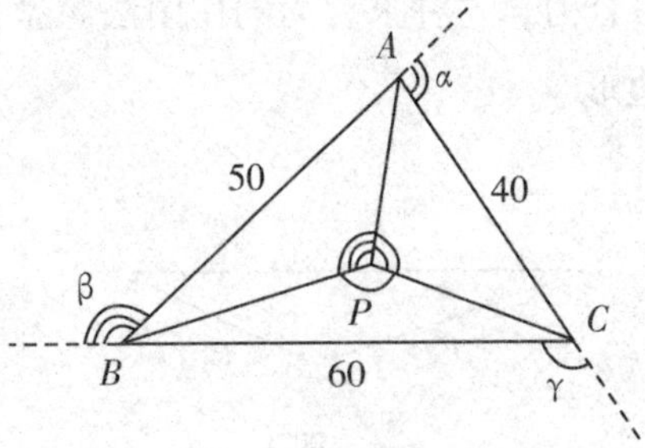

图 5

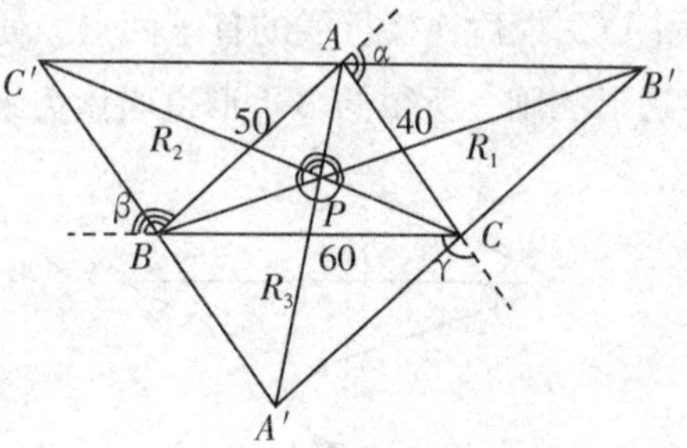

图 6

容易看到 $\triangle ABC$ 的三边 $AB \underline{\underline{\parallel}} \frac{1}{2}A'B'$，$AC \underline{\underline{\parallel}} \frac{1}{2}A'C'$，$BC \underline{\underline{\parallel}} \frac{1}{2}B'C'$，而 P 点恰好是 $\triangle ABC$ 三条中线的交点。

这个解法使人发生兴趣的是：从力学角度来理解，P 点是三个合力的汇交点，要使这个力系平衡，三个合力的合力必等于零。要从几何作图来理解，它恰好是 $\triangle ABC$ 三条中线的交点，并且，不难证明：

$$\angle APC = \alpha，\angle APB = \beta，\angle BPC = \gamma.$$

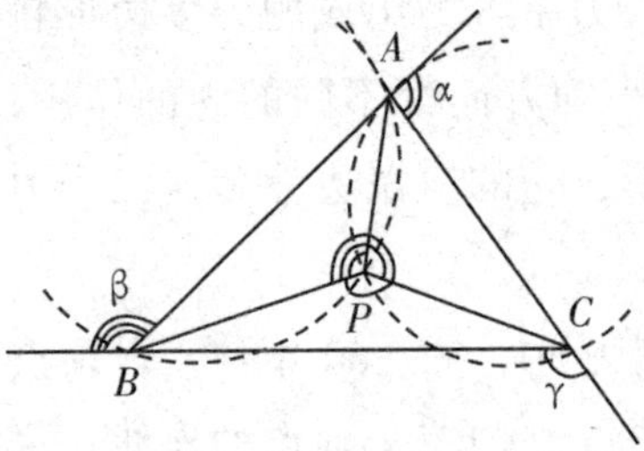

图 7

作法 2：由于 $\triangle ABC$ 的三个外角 α、β、γ 是已知的，并且 AC、AB、BC 的长也一定，所以，以 AC 为弦，作一个含有 α 度的弓形弧；再以 AB 为弦，作一个含有 β 度的弓形弧，与前弧相交于 P 点，则 P 点即为所求。因为 α、β、γ 三个外角之和为 360 度，各含 α 度、β 度两个弓形弧之交点 P 与 A、C、B 连线，$\angle APC = \alpha$；$\angle APB = \beta$，由于周角也是 $360°$，所以 $\angle BPC$ 也一定是 γ 度（如图 7）。

中外数学经典名题

没有数字的题目

雨果的长篇小说《悲惨世界》脱稿寄往出版社后，屈指数日，毫无消息。雨果心中忐忑不安，决定写信咨询。思忖片刻，他提笔给出版社写了这样一封信：“？——雨果。”出版社的编辑拆阅后，心领神会，当即给雨果写了回信：“！——编辑。”雨果接到信，点点头微笑了。不久，轰动世界文坛的《悲惨世界》便与读者见面了。智力训练专家巴纳德有心和雨果开个玩笑，要他在工作之余将“？”和“！”也给破译出来。

```
             ?.???
      ?.? ? )?.? 0
          ?.? ?
         ─────────
              ? ? ? ?
              ? ? ? ?
         ──────────
              ! ! ! !
```

这实际上是一道除法题，每个数字都用橡皮擦掉了，换上了问号和感叹号。显然，感叹号表示数字“0”。

你能帮雨果把这个“密码”破译出来吗？

首先，由于符号“！”都是0；

其次，被除数最后一位数后面移下来的都是0。

于是，上式可以表示成：

$$
\begin{array}{r}
F.00K \\
C.DE\overline{)A.B\quad\quad} \\
G.HI\quad\quad \\
\hline
J000 \\
J000 \\
\hline
0
\end{array}
$$

其中，A、B、C、……、J、K分别表示0～9中的一个整数。

我们不妨设I≠0，否则会有J＝K＝E＝0，得不到一个确定的答案。同理，设E≠0。

这时：

如果J＝1，由于，而E≠0，因此K中必须包含所有的2，即应该有K＝8，于是得E＝5，I＝10－J＝9。但由于E的整倍数的末位数只能是0或5，不能是9，所以J≠1。

由于，所以J也不可能是2、4、6、8。

如果J＝3，由于，所以K只能是8，于是E＝5，I＝10－J＝7。但由于5的整倍数只能是0或5，不能是7，所以J≠3。

当J＝5时，由于，所以K＝8，E＝5，I＝10－J＝5，D＝2，C＝6，于是算式可以写成下面的形式：

$$
\begin{array}{r}
F.008 \\
6.25\overline{)A.B\quad\quad} \\
G.H5\quad\quad \\
\hline
5000 \\
5000 \\
\hline
0
\end{array}
$$

由于除数是6.25，所以F=1。

所以G=6，H=2。

所以A=6，B=3。

于是，原式应为：

```
            1.008
6.25 ) 6.3
       6.25
       --------
          5000
          5000
       --------
             0
```

神机妙算的诸葛亮

相传有一天，诸葛亮把将士们召集在一起，说："你们中间不论谁，从1到1024中，任意选出一个整数，记在心里，我提10个问题，只要求回答'是'或'不是'。10个问题全答完以后，我就会算出你心里记的那个数。"诸葛亮刚说完，一个谋士站起来说，他已经选好了一个数。诸葛亮问道："你这个数大于512？"谋士答道："不是。"诸葛亮又接连向这位谋士提出9个问题，这位谋士都一一如实作了回答。诸葛亮听了，最后说："你记的那个数是1。"谋士一听，非常惊奇。因为这个数，恰好是他选的那个数。

具体的方法是：将1024一半一半地取，取到第十次时，就是"1"。根据这个道理，连续提十个问题，就能找到所记的数。诸葛亮真的是"神机妙算"啊！

考女婿的难题

匈牙利著名作家卡尔曼·米克沙特的长篇小说《奇婚记》中，记述了这么一个故事：米克洛什·霍尔尼特的大女儿罗扎丽雅才貌出众，很多人来求婚。霍尔尼特便宣布：有谁能回答他提出的3个问题，他便把罗扎丽雅嫁给谁。其中的一个问题是这样的：在波若尼城和勃拉萧佛城之间有一条公路。每天，从两座城里分别各开出两辆邮车。当时有一个人，要从波城（波若尼城简称）到勃城（勃拉萧佛城简称）去，便搭乘在一辆邮车上。路上，这辆邮车整整行驶了10天。假定在这条公路上行驶的所有邮车速度都是一样的。那么请问这个在邮车上的人，从出发时算起，抵达勃城之时，一路上迎面遇到了多少辆邮车？

答案是：从所乘邮车出发的这一天算起，已经过去的10天里，已有20辆邮车先后从勃城开出；而所乘邮车在路上行驶的10天里，又将有20辆邮车从勃城开出。这样迎面就将遇到40辆邮车。而当所乘邮车抵达勃城时，还将遇到2辆刚从勃城出发的邮车。因此，所遇到的邮车总数是42辆。

巧测灯泡容积

科学家们是最珍惜时间的，在他们的眼里，时间就是知识，爱迪生也是如此。

一天，爱迪生在实验室里工作，他递给助手一个没上灯口的空玻璃灯泡，并说："你量量这个灯泡的容量。"说罢，又埋头工作了。过了好半天，他问助手："容量是多少？"他没听见回答，转头看见助手正拿着软尺在测量灯泡的周长、斜度，并用测得的数字，伏在桌上计算呢。"时间，时间，多么宝贵的时间呀！怎么要用那么多时间呢？"爱迪生说罢，直走过来拿起那只灯泡，采用一种极为简单的方法，仅仅用一分钟时间，便得出了那只空灯泡的容量数据。你知道爱迪生采用的是什么方法吗？原来是：先在灯泡里斟满水，然后把水倒入量杯中，便得出了灯泡的容量。这种方法迅速、简单又方便。

笨人耍的小聪明

1929年，美国堪萨斯州成立了一个“笨人俱乐部”。这个俱乐部会规章上规定：只有称得上最没有用的人，才有当选主席的资格。它的口号是：“越学越无学，越知越无知。”俱乐部办了一所“笨人大学”，当然也是请最没有用的人当校长。

有一天，校长声称他发现了形式逻辑的荒谬之处。比如有这样一句话：“娜拉是个女孩，娜拉不是女孩。”假如其中有一句话正确，那另一句话就一定不正确。可是校长又写了两句话，其形式是：*XX*是000；*XX*不是000。这两句话中，*XX*彼此相同，000也相同；并且，两句都是正确的。这是两句什么话呢？

答案是：“该句是六字句”（意思是指字数共有6个）；“该句不是六字句”（字数不是6个）。笨人俱乐部的校长不明白两句中的“该句”一词是两个概念，故而得出错误结论。

牛郎和织女相会

牛郎星离地球16.5光年，也就是以光的速度运行到地球要16.5年。织女星离地球26.5光年。如果牛郎和织女同时由各自的星球以最快的速度赶到地球相会，那么牛郎要在地球上等多少年才见到织女？而见一面之后，织女又匆匆赶回，牛郎至少又要等多少年，才又能与织女相会？

答：牛郎与织女以最快的速度赶路，充其量也就是以光速行进。因此，牛郎比织女先到地球10年，牛郎需要等10年才能见到织女。

织女匆匆赶回，如果马上又出发的话，来回需53年。牛郎要等53年才能与织女第二次相见。如果牛郎也返回自己的星座，那么除了路上的时间不算在内，牛郎也要坐等20年才能与织女第二次相聚。

不大不小的奖赏

传说古代某国有位国王，他非常喜欢下国际象棋。当他学会了下国际象棋之后，便把发明象棋的人找了来，对发明人说："你要什么奖赏，请说吧！"发明人只要求国王在棋盘的第一个格子里放一粒麦子，第二个格子放2粒，第三个格子放4粒，以后每个格子都比前一格子加一倍，直到把64个格子放满。

试想，发明家受赏的这些麦子，大约够他吃多少年（按每斤麦子10000粒，发明家每天吃1斤计算）？答案定会使你大吃一惊！我们可以通过计算得出答案。第一格放1粒麦子，第二格放2粒，第三格放4粒，依题中条件顺次下去，从第4格到第64格将分别有麦子2^3、2^4、2^5、2^6、…、2^{63}粒。也就是说第64个格子的麦子将有2^{63}粒，约900万亿斤，足够发明家吃2.5万亿年！真是不可思议的一个数字。

猴子分桃子

美籍华人物理学家李政道曾给中国科技大学少年班的同学出了一道有趣的数学题：

有5只猴子分一堆桃子，怎么分也分不公平，便都去睡觉了，决定明天再分。半夜里，有一只猴子偷偷起来，扔掉了一个桃子，再分时，正好分成5等份，它把自己的一份收藏好，睡觉去了。第二只猴子起来，又偷偷扔掉一个桃子，又恰好分成5等份，它把自己的一份收藏好后，也睡觉去了。以后，第三、第四、第五只猴子也都是一样，即都扔掉一个桃子后，还能分成5等份。请问，5只猴子分的这堆桃子一共有多少个？

我们分析一下，如果这堆桃子的个数可以被5只猴子平分5次，每次都可以分成5等份，那么这堆桃子的个数至少要有：

$5\times5\times5\times5\times5=3125$（个）

但是，现在的桃子总数是不能被5整除的，必须减去1才可以被5整

除。这个数可以是:

3125 + 1 = 3126 (个)

但又要求 5 次 5 等份之前都要减少 1, 一共减去 5 个, 即 3126 - 5 = 3121 (个)。

经验证, 这个数字是合乎题意的。所以, 这堆桃子至少有 3121 个。

健忘的森林与依据“说谎”的原理

传说古时候, 有一片“健忘的森林”。人们走进去, 就会忘记日期。小姑娘阿百丝误入这片森林, 并忘记当天的日期。她徘徊了很久, 很想知道这一天是星期几, 但无论如何怎样也回忆不起来。这时, 迎面来了只老山羊, 阿百丝就迎上前去打听。“山羊公公, 你知道今天是星期几吗?”阿百丝问。“可怜的小姑娘。我也忘记了。不过, 你还可以去问问狮子和独角兽。狮子在星期一、星期二、星期三这三天, 是说谎的; 独角兽在星期四、星期五、星期六这三天也是说谎的, 其余的日子, 他们俩倒都说真话。”永远说实话的老山羊说。于是, 阿百丝就去找狮子与独角兽。当她问到今天是星期几时, 狮子回答说: “昨天是我说谎的日子。”独角兽也说: “昨天是我说谎的日子。”阿百丝在这片“健忘的森林”里, 尽管忘记了日期, 但她仍和过去一样聪明。听罢狮子与独角兽的回答, 她进行了仔细的逻辑推理, 终于正确地判断出这一天是星期几。

请你仔细思考一下, 这一天究竟是星期几? 答案是: 这天是星期四。

经济的航行

普佐罗总统刚刚获得了一支舰队来保卫他的岛国。这支新舰队由两艘霍萨级炮舰组成, 美中不足一点是, 这两艘炮舰的燃料消耗大一点, 它们装的燃料只够锅炉烧一天 (只能航行 120 千米)。普佐罗正在计划一次盛大的环岛航行, 来炫耀他最好的军舰。但是海军大臣提醒他, 该岛周长可不止 120 千米。因此, 这次航行对普佐罗来说, 是个荣誉问题; 而对海军大臣来说，却是一件头疼的事。

不过一位数学教授计算了一下，认为如果用一艘舰在海上为另一艘舰运输燃料的话，环岛航行还是可以完成的。虽然是港内为一艘炮舰装运燃料要用8小时，但这并不需要另一艘舰在海上停舰等它的姊妹舰上来。只有当在海上从一艘舰往另一艘舰上转运燃料时，普佐罗的庄严航行才会被耽误一会儿。如果这个小岛再大一点儿，整个航行将会成为泡影。如何安排这一次的炮舰航行？这个小岛的周长究竟是多少呢？你不妨计算一下：周长是200千米。两艘船同时出发，走了40千米后，护航舰将它剩下的燃料的一半装给旗舰，然后返回港口。重新装好燃料后，从相反的方向去接快要耗尽燃料的旗舰，这时它离港口还有40千米。护航舰将自己剩下的燃料的一半再装到旗舰上去，这时两艘舰一起返回港口，抵达时燃料刚好用完。

黄、红、蓝颜色板的启示

苏格兰数学家莱福德看他儿子玩颜色板。他儿子从玩具盒中，把红的、蓝的、黄的颜色板各抽出两块来，相互调来调去，排成一行。莱福德看到6块板的顺序是：黄红蓝红黄蓝，正好符合下面条件：①两块板之间，另有一块颜色板；②两块蓝板之间，另有2块颜色板；③两块黄板之间，另有3块颜色板。莱福德用“1”表示红，用“2”表示蓝，用“3”表示黄。将问题换了个样子，把1、1、2、2、3、3这几个数字排成一行。要求一对“1”之间，另有1个数字；一对“2”之间，另有2个数字；一对“3”之间，另有3个数字。这样排列的结果应该是312132。莱福德又提出，如果有一对1234，怎么排列，才能使两个“1”之间，另有1个数字；两个“2”之间，另有2个数字；两个“3”之间，另有3个数字；两个“4”之间，另有4个数字。这个问题有两个答案：一是41312432；二是23421314。

阿德诺是如何发财的

16世纪，德国还是由许多小公国的国王统治时，发生了这么一件事：有两个相邻的公国，彼此关系很好，不仅互通贸易，而且货币也互相通用。就是说 A 国的 100 元等于 B 国的 100 元，可是，有一次因故翻了脸，两国国王相互指责，险些动了兵。后来，A 国国王下了一道命令：B 国 100 元只能兑换 A 国 90 元。B 国国王也立即宣布 A 国的 100 元也只能兑换 B 国的 90 元。聪明的阿德诺得知这个消息后，分别对两个国王说："这个决定太愚蠢了，我只要稍稍跑跑腿，就可以趁机赚大钱。"两国国王不相信，各给了他 100 元，看他是否能赚到钱。阿德诺拿着双方国王给的合计 200 元钱，不用几天，就发了财。他把赚来的财物，分别推到两个国王面前，两个国王很受启发，于是取消上述命令，并和好如初。你知道阿德诺"发财"的巧妙手段吗？

答案是：阿德诺用 A 国的钞票 100 元在 A 国购物 10 元。在找钱时，他声称自己将要到 B 国去，要求找 B 国的钞票，因为 A 国的 90 元等于 B 国的 100 元，所以就找他一张 100 元的 B 国钞票，现在他共有 200 元。于是他用 200 元到 B 国购买 20 元货物，再要求找回 A 国的钞票，然后又回到 A 国购物……如此，往返下去，阿德诺自然发财了。

6 个直角与 12 个直角的差别

瓦特获得了蒸汽机的发明专利后，从一个大学实验员跃为波士顿瓦特公司的老板，还成为英国皇家学会的会员。在一次皇家音乐会上，有个贵族故意嘲笑地对他说："乐队指挥手里拿的东西在物理学家眼里仅仅是根棒子而已。"瓦特回答道："是的，那的确是根棒子，我却知道用这样的 3 根棒子，可以组成 5 个直角，我还可以组成 12 个直角，可是你最多能组出 6 个直角。"这个贵族不服气地用 3 根指挥棒摆来摆去，但始终无法摆出 12 个直角。试问你能摆出几个（指挥棒的粗细因素可以不计）？

我们的思维应从平面转向立体。一个经过思维训练的人，一看到三维空间的形态，就能使自己的思路开阔起来（三根指挥棒是两两垂直的）。

毕加索的正方体

毕加索将一块边长为3寸（1寸≈3.3厘米）的正方体木头漆成黑色，再切成若干1寸的小正方体。在角上的8个小方块有3个面是黑色的，最中央的小方块则是一点黑色也不会有，其余的18个小方块中，有12个两面是黑色的，6个一面是黑色的。请注意，两面黑色的方块，是一面黑色方块的2倍；三面黑色的方块，是一点黑色也没有的方块的8倍。现在有一块正方体木头，可情况恰好相反，把它漆成黑色并切成1寸的小方块以后，一面黑色的小方块，是两面黑色的小方块的2倍，一点黑色也没有的方块是三面黑色的方块的8倍。那么，这个方块的边长是多少呢？

答案是：这个方块是6寸的，这样大的一块木头切开后成为216块小木块。其中96块有一面黑色，48块有2面黑色，8块有三面黑色，64块全白色。

爱迪生的“骑马思维”

爱迪生

爱迪生在工作之余，总是给助手讲一些既有教育意义又很有趣的故事，鼓励他们积极思考，努力工作。下面的故事是一则关于“骑马思维”的故事。

古代有一个国王，他有两个儿子。因为他年岁已高，所以，必须考虑好移交王位的事情。一天，他想考考两个儿子谁最聪明以便让他继承王位。他对他们说：“我给你们一人一匹马，黄色的给老大；青色的给老二。你们分别骑上自己的马，到泉边去饮水，谁的马走得慢，谁就是优胜者。”老大想，这好办，就慢骑呗！老二却不然，听了父亲话后便急匆匆地奔向马棚，不一会儿便到了目的地，返回家，并向父亲报到。老国王当时十分高兴，便立即决定将来由老二继承王位。原来，老二骑的是大哥的黄马。爱迪生要求他的助手不仅要有广博的知识。而且要具备这种“骑马思维”的方法和能力。

苏格拉底的花园

有一个学生问苏格拉底：“请告诉我，为什么我从未见您蹙眉皱额过，难道您的心情总是那么好吗？”苏格拉底答道：“因为没有什么东西，能使我失去了它而感到遗憾。”

苏格拉底

的确，苏格拉底被判死刑后，他仍能保持乐天的禀性，这是难能可贵的。可是，当有人向他征求如何处理他唯一的遗产——一块梯形花园时，他却皱了眉。在这块花园里，有4棵月桂树，他想把它分成大小都相等的4块，分别送给他的得意门生，要求在每块地上还能保留一棵月桂树，以免发生什么分歧。

你说怎样分才好呢？要把梯形加以分割，应设法找到梯形的相似形，是一种很巧妙的分法。

马克·吐温笔名的来历

萨缪尔·兰亨·克里曼斯在密西西比河当水手时，经常随船运送货物经过一座大桥。一天货船载着一台高大的机器，要过大桥时，他听二副高喊："马克吐温。"原来上游连日暴雨，河水上涨，深有两寻（寻是英美长度旧称，1 寻为 1.829 米），"马克吐温"即水深两寻之意。船长听到喊声，立即抛锚停船，因为机器高出桥孔 2 寸，无法通过。正当船长一筹莫展时，萨缪尔想出了一个办法，既没有卸下机器，也没有等水落，就使船顺利通过了大桥，萨缪尔后来当上领航员，同时又开始了写作。由于他长期生活在密西西比河，就索性把马克·吐温当作了自己的笔名。

马克·吐温在一篇小说中还写了这样一个情节：一辆载重汽车，要通过某隧道。该隧道高 3 米，但汽车加上车上货物总高度偏偏是 3.01 米。车上货物十分沉重，又无法搬动。正当司机垂头丧气时，来了一个机灵人，给他出了一个好点子，使这辆载重汽车顺利通过了隧道。

这里有两个问题：马克·吐温用什么方法使船通过了大桥？小说中的机灵人又给司机出了一个什么好点子？

答案是：马克·吐温让大家往船上搬一些石子之类的重物，使船吃水深一点；而机灵人让司机把胎中的气放瘪了一点，即可通过隧道。

不添篱笆扩羊圈

大数学家欧拉小时候在巴塞尔神学校的课堂就读。有一天，小欧拉谦恭地向神职老师发问："既然上帝无所不能，他能告诉我天上有多少颗星星吗？"

老师回答道："这是无关紧要的，我们作为上帝的孩子，记住这一点就足够了：星星都是上帝亲手一颗颗地镶嵌在天幕上的。"

小欧拉百思不得其解："既然星星是由上帝一手安排的，他总该告诉我们一个数目吧？"

神学老师再也回答不了小欧拉的问题，他无可奈何地摇摇头叹声说道："可怜的孩子，迷途的羔羊。"

就这样，小欧拉被神学校开除了。

老欧拉十分伤心地接回了儿子，想着：总得积攒学费送他上别的学校啊！老欧拉决定扩展羊圈，多养些羊，他招呼儿子，拆改旧羊圈。

可是没有多余的篱笆，怎么办呢？老欧拉没有了主意。

这时，站在一旁的小欧拉不慌不忙地说："爸爸，篱笆有了。你看，旧羊圈长70码（1码≈0.9米），宽30码，面积为2100平方码，改成50码见方的新羊圈，不用添篱笆，羊圈就扩大了400平方码。"

"太妙了，你是怎么想到的？"

"我是从您书橱的《几何学》上看来的。如果把羊圈围成圆形，面积将最大，有3100多平方码呢！"

老欧拉明白了，原来儿子在自学数学，放羊时还见他在草地上画来画去。小欧拉自学数学的热情打动了老欧拉，他决心推动儿子进入古老而神秘的数学王国。

欧拉扩大羊圈不添篱笆的事实说明：在一定周长下，正方形的面积比长宽不等的矩形面积大，而圆又比正方形的面积大。正方形四四方方，简单匀称，是完善的几何图形之一。圆这个最简单的曲线最令人惊叹，它是唯一的具有无穷多条对称轴的轴对称图形，又是中心对称图形。对称图形的面积也最大。

凝视前方的形象

大科学家爱因斯坦是"相对论"的缔造者，他在科学研究工作之余，又练就了高超的小提琴技艺。他的表情有时很滑稽，让人捉摸不透。世人流传一张照片就是他吐着舌头、凝视前方的形象。

有一个班级进行民意测验：

11位同学认为表示"惊奇"，7位同学认为这种意见也可以考虑。

6位同学认为表示"高兴"，8位同学认为这种意见也可以考虑。

1位同学认为表示"幽默"，6位同学认为这种意见也可以考虑。

1位同学认为"惊奇"、"高兴"、"幽默"三种神态兼备。

还有3位同学认为是表示"无可奈何"。

请问这个班级一共有多少位同学？

由题意，认为表示某种神态的同学，他们的意见是肯定和专一的；而认为可以考虑的意见是模棱两可的，他们也可能同意两种意见或三种意见；表示“无可奈何”意见的，也是一种肯定意见。为此，可以用集合的办法画成圆圈，相重叠部分就是同意两种意见的，其中间3个圆相重叠部分是表示三种神态兼备意见的人数。如果未知的人数分别以 x、y、z、p 表示，则：

$$\begin{cases} x+p+z=7 \\ x+p+y=8 \\ y+p+z=6 \\ p=1 \end{cases}$$

求解得：

$x=4$，$y=3$，$z=2$，$p=1$

总人数为：

$$\begin{aligned} S &= 11+6+1+3+x+y+z+p \\ &= 11+6+1+3+4+3+2+1 \\ &= 31 \end{aligned}$$

所以，这个班级共有31位同学。

百鸡问题

一般来说，其未知数多于方程个数的方程为不定方程。中国的《孙子算经》《九章算术》等书中均有不定方程问题。《张邱建算经》中的百鸡问题是一个著名的求正整数解的一次不定方程问题。

张邱建生活在中国的南北朝时期。他幼年时就善于思考，聪颖敏捷，喜欢解答数学问题，被大家称为“神童”。当时的宰相非常惜才，便想了一道“百鸡之谜”来考察神童的水平。他把张邱建的父亲叫了去，说：“这里有100文钱，给我买100只鸡来，这100只鸡中应有公鸡、母鸡和小鸡。钱不能剩余也不能超出，鸡的数目不能多不能少。”当时，一只公鸡5文钱，一只母鸡3文钱，三只小鸡1文钱。怎样才能用百文钱买百只鸡呢？张邱建的父亲对算术很外行，他把此事告诉儿子。小邱建想了想，就在地上算起来。过了一会儿，他告诉父亲说：“买4只公鸡、18只母鸡和78只小鸡就行了。”小邱建以他的巧妙计算而受到了宰相的召见，并对他给予了奖励。张邱建从此更加勤奋地学习，终于成为一位著名的数学家，并编纂成《张邱建算经》，这是中国汉唐年间10部重要的数学著作之一。

凫雁问题

一只野鸭子从南海飞到北海要用7天，一只大雁从北海飞到南海要用9天。试问：若它们同时从两地起飞，几天后相遇？

这个有趣的问题出自中国古代数学名著《九章算术》，书中称野鸭子为凫，所以称这道题为凫雁问题。解法是：把两个天数相加作为除数，相乘作为被除数，除得的结果就是所求的天数。公元263年，大数学家刘徽在《九章算术注》中对这个解法作了解释：野鸭子7天能飞完一个全程，而大雁9天能飞完一个全程，取7和9的最小公倍数63，那么63天中，野鸭子可以飞9次，大雁可以飞7次。也就是说，野鸭子和大雁在63天里一共可以飞完16次，或者说，它们合作飞行16次共需63天。那么，它们合作飞行一次就需要63/16（天）。这个算法非常巧妙，我们的祖先是用比例的方法解决这个问题的。他们充分认识了比、分数、除数的相互联系，认识了比是数量之间的关系，分数是一种数，除法是一种运算，这是非常了不起的。

鸡兔同笼

一个笼子里有一些鸡和兔，现在只知道里面一共有35只头，94只脚，试问：鸡和兔各有多少只？

在中国，鸡兔同笼问题作为一类既有趣又重要的问题的代表，经常出现在各种数学书里，千百年来一直吸引着爱好数学的人去钻研。最早记录这个问题的，大约是在公元4~5世纪的《孙子算经》。

鸡兔同笼问题的解法是：设头数是a，脚数是b，则$b/2-a$是兔数；$a-(b/2-a)$是鸡数。这个巧妙的解法是怎样来的呢？鸡有两只脚，兔有四只脚，把脚数除以 2，共有 47 对脚。由于鸡是一对脚，兔有两对脚，所以 47 中减去 35，得 12，也就是说，如果笼子里的动物都只有 1 对脚，就会多出 12 只脚来，这 12 只脚恰好是有 2 对脚的动物的，即有 12 只四脚动物，这当然就是兔子了。再用 35 个头减去 12 只兔子的头，剩下的就是鸡的头数。

如果用二元一次方程组来求解，就是，设鸡、兔数分别为 X 和 Y：$X+Y=35$，$2X+4Y=94$。解这个方程组，既方便又简炼。

奇怪的遗嘱

古印度，一位圣人临终前，把他的儿子们都叫到床前，立下了一份遗嘱：他共有 17 头牛，老大应得总数的1/2，老二应得1/3，老三只能得1/9。老人过世后，兄弟们商量如何分牛。但反复计算，也没有找出符合老人规定的分法，因为 17 的 1/2 是 17/2；17 的 1/3 是 17/3；17 的 1/9 是 17/9。这三个数都不是整数，如果按这种分法，要活活杀掉两头牛，这在当时不允许。因为印度人非常崇拜牛，牛是不允许被宰杀的，而且也是不必要的。因此兄弟们请教了许多有学问的人，结果都表示爱莫能助。一天，一个老农牵着 1 头牛从这家门前经过，听说了这件事。他想了一会儿，便说道："这容易，我把这头牛借给你们，你们按遗嘱的要求去分，分完后把这头牛给我就行了。兄弟三人按照老农的说法一分，老大分得 9 头，老二分得 6 头，老三分得 2 头。分完之后，正好剩下了老农这头牛，自然就还给了他。

牛顿的牛吃青草问题

这是牛顿编写的一道既复杂又有趣的数学名题。有 3 块草地，面积分别为$\frac{10}{3}$顷、10 顷和 24 顷。草地上的草长得一样厚且一样快。如果第一块草地可供 12 头牛吃 4 个星期，第二块草地可供 21 头牛吃 9 个星期，那么第三块草地恰好可以供多少头牛吃 18 个星期？牛顿经过潜心研究，发现了好几种不同的解法，但他认为如下这种比例解法更加有趣。

假定草地上的草被牛吃过以后不再生长，根据题中第一块地的条件推算，10 顷草地可供 8 头牛吃 18 个星期或 16 头牛吃 9 个星期。但实际上青草被吃后还要生长，所以题中说："10 顷草地可供 21 头牛吃 9 个星期。"所以同样是 10 顷草地，同样是 9 星期，却可以多喂 21 - 16 = 5 头牛。这也意味着 9 个星期后 5 周里，10 顷草地又长出的草可供 5 头牛吃 9 个星期，或是 2.5 头牛吃 18 个星期。那么 18 周的后 14 周里，10 顷草地上新长的草供多少牛吃 18 周呢？由 $5:14 = 2.5:x$，便可算出是 7 头。如前所述，假设草不长时，10 顷草地可供 8 头牛吃 18 周；而 18 周的后 14 周又生长出的青草可供 7 头牛吃 18 周。两者相加实际上是 10 顷草地可供 15 头牛吃 18 周。那 24 顷草地可供多少牛吃 18 个星期便容易算出了，十分明显，答案是 36。

数学家们的墓志铭

大数学家阿基米德的墓碑上，镌刻着一个有趣的几何图形：一个圆球镶嵌在一个圆柱内。相传，这是阿基米得生前最为欣赏的一个定理。数学家鲁道夫的墓碑上刻着圆周率的 35 位数值，这个数值被叫做"鲁道夫数"，这是他毕生心血的结晶。

最奇特的墓志铭要数古希腊数学家丢番图了。他的墓志铭是一道谜语般的数学题："他生命的六分之一是幸福的童年；再活上十二分之一，颊上长出了细细胡须；又过了生命的七分之一才结婚；再过五年他感到很幸福，得了个儿子；可是这孩子光辉灿烂的生命只有他父亲的一半；儿子死后，老人在悲痛中活了 4 年，结束了尘世的生涯。"幸亏有了这段奇特的墓志铭，后人才得以了解这位古希腊最后一位大数学家曾享年 84 岁，那么自然可以算出他何时结婚，何时得儿，何时儿子死亡。其年龄的算法是：设年龄为 x，那么有 $x/6 + x/12 + x/7 + 5 + x/2 + 4 = x$，解得 $x = 84$（岁）。

玄机奥妙

这是一道选自我国明代珠算家程大位的《算法统宗》中的数学题。题的内容是："甲赶羊群逐草茂，乙拽肥羊随其后，戏问甲及一百否，甲说所云无差谬，若得这般一群凑，再添半群、小半群，得你一只来方凑，玄机奥妙谁猜透?"译成白话是：牧民甲赶着羊群向草茂盛的地方转移，牧民乙拉着一只肥羊在他后边走，乙边走边跟甲开玩笑："你的羊够不够一百只?"甲说："你说得没错，怎样凑上一百只呢？如果再有这么一群，然后再添上这群的一半，再添上一半的一半，最后再加上你那一只，这样就够一百只了。"牧民甲实际有多少只羊呢？我们可以设甲的羊群的只数为"1"，根据已知条件得出：$1+1+1/2+1/4=11/4$（倍）。11/4 倍加上乙的那一只等于 100 只，由此可以得出 $(100-1)\div(1+1+1/2+1/4)=99\div 11/4=36$（只）。

藏盗问题

19 世纪初，日本的柳亭中彦写了一本《柳亭记》，书中出现了许多被人们称为藏盗的数学题目，反映了日本对于古代方阵问题的研究有了进一步发展。其中有一题是：在中国和日本边界的中间，备有日本检查船只的关卡，那里有 16 人，哨所四角各有 3 个人，四边各有 7 个人，称 7 人哨所。有一次，8 个海盗苦苦哀求把他们隐藏起来，哨所的队长想了一番，把哨所人员配置改换一下，居然把这些海盗隐藏起来，每边望去仍是 7 个人，于是人们将这类问题叫藏盗问题。那么，聪明的队长是怎么把海盗藏起来的呢？

原来，角上的一个人顶两个人，因为这个人在角上，从两个方向去数都需数他。因此在各边人数不变的前提下，无论是增加人或减少人，都要在角上想办法。这道题，16 人每边 7 人，现在增加了 8 人，每边仍保持原人数，那么只要把四个角上各减少 2 个，挪到边中去就行了。

稀世珍宝

在东京珠宝收藏博览会上展出一棵18K金的圣诞树，在3层塔松形的圣诞树上共镶嵌有1034颗宝石。

这颗圣诞树上的宝石是这样摆放的：如果从顶上往下看，3层圆周上镶嵌的宝石数成等差级数递增；而3层圆锥面的宝石数却按等比级数递增；且第一层的圆周上与圆锥面上的宝石数相等；除此之外，塔松顶上有1颗宝石是独立镶上的。请问，圣诞树的宝石具体是怎样镶嵌的？

假设3层圆周上的宝石数分别为A、B、C，则：

$B=A+m$，$C=A+2m$（m为等差系数）

因为第一层圆锥面上的宝石数等于圆周上的宝石数，所以可假设3层圆锥面上的宝石数为A、D、E，那么：

$D=nA$，$E=n^2A$（n为等比系数）

由于树顶上那颗宝石是独立的，所以：

$A+A+m+A+2m+A+nA+n^2A=1033$

解此方程，只有一种可能：

$$\begin{cases} A(n^2+n+4)=1000 \\ 3m=33 \end{cases}$$

根据m、n、A均为整数，得：

$$\begin{cases} m=11 \\ n=2 \\ A=100 \end{cases}$$

因此，宝石的镶嵌是这样的：

塔松顶上有1颗宝石；

第一层圆周上100颗宝石，圆锥面上100颗宝石；

第二层圆周上111颗宝石，圆锥面上200颗宝石；

第三层圆周上122颗宝石，圆锥面上400颗宝石。

卖鸡问题

（1）有一家养鸡专业户，一天，父亲让他的三个儿子到市场去卖鸡，父亲说："这里有大鸡6只，小鸡84只，共90只，老大拿50只，老二拿30只，老三拿10只，鸡的价格你们三人商量，但是价格要一致，并且每人卖的钱必须一样多，都是50元。"那么三人各拿大、小鸡多少只，大、小鸡每只各多少元？

先从总数看，90只鸡共卖150元，可设小鸡每只x元，大鸡每只y元。

$\therefore 84x+6y=150$元

上式除以3，得$28x+2y=50$，恰好是老二拿鸡数和应该卖的钱数，还剩下小鸡56只，大鸡4只。

如果老大拿的都是小鸡，那么每只小鸡1元，50只小鸡卖50元；老三拿6只小鸡卖6元，4只大鸡44元，每只大鸡11元；老二拿28只小鸡28元，2只大鸡22元，共50元，符合父亲的要求。

如果老大拿49只小鸡，1只大鸡，这样1只小鸡应卖$\frac{5}{7}$元（或说7只小鸡卖5元），1只大鸡要卖15元。老大：$49\times\frac{5}{7}+15=50$；老二：$28\times\frac{5}{7}+2\times15=50$；老三：$7\times\frac{5}{7}+3\times15=50$。这种分法和卖法也符合父亲的要求。

上面两种分鸡方案和卖法都可以，除此之外，再没有符合父亲要求的分鸡方案与卖法了。

（2）有一次，父亲叫过来两个儿子，对他们说："这里有大一点的鸡30只，每两只卖20元；有小一点的鸡30只，3只卖20元。老大拿30只大鸡，老二拿30只小点的鸡。"兄弟二人到市场上按照定的价很快卖完了，老大卖了300元，老二卖了200元，共计500元给了父亲。

第二天，父亲又给老大30只大点的鸡，给老二30只小点的鸡，价格不变。兄弟二人到市场卖鸡去了，老二说："哥哥，我有点事，今天你一个人卖鸡算了。”老大说：“一个人卖两种价格的鸡不方便，还是二人一起卖，卖完之后再去办事吧！”老二说：“这样卖鸡行不行，5只鸡卖40元。”老大一想，大鸡20元卖2只，小鸡20元卖3只，合起来正好是5只鸡卖40元，于是老大就同意了。老二办事走了，老大很快把鸡卖完了，结果只卖480元，少卖了20元。回家给钱看时，父亲见少了20元钱，大发脾气，认为他们乱花钱，等老大把卖鸡的情况告诉父亲，他也迷惑了，怎么会少卖20元钱呢？

事实上，5只一起卖，卖10次已将小点的鸡卖完了，剩下的10只鸡均为大鸡，应卖100元，还按5只40元，因此少卖了20元。

三姐妹卖鸡蛋

一个卖鸡蛋的老妇，吩咐三个女儿到市场上去卖90个鸡蛋。她给聪明伶俐的大女儿10个鸡蛋，二女儿30个鸡蛋，三女儿50个鸡蛋，并说道：“你们先商量好价钱，然后就照定好的价钱卖。不能贱卖，而且三个人的卖价还必须相同。但是，我希望你们三个人卖鸡蛋所得的钱一样多。一句话，鸡蛋价钱要一样，卖得的钱也要一样多。除此之外，卖掉所有90个鸡蛋所得的钱不少于90戈比。”问：姑娘们如何完成交给她们的任务？

三姐妹一边朝市场走一边商量，二妹和小妹都请求大姐出主意，大姐想了想说道：

“妹妹们，咱们的鸡蛋这次不要像以前那样10个10个地卖，而要7个7个地卖，每个蛋是一份，每一份定一个价钱，就像妈妈吩咐的，一个戈比也不能少要，三个人都要遵守，每份卖3戈比，你们说怎么样？”

二妹说：“那可太便宜了。”

“不过，我们按7个鸡蛋一份卖完剩下的鸡蛋价钱可以提高。”大姐解释说：“我已经注意到，今天市场上卖鸡蛋的除了我们三人，再没有别人，不存在和我们争主顾的问题，当供不应求时，价钱自然就涨上去了。这样，咱们就是要在剩下的那些蛋上把钱赚回来。”

三妹问：“剩下的鸡蛋卖什么价呢？”

大姐果断地说："每个鸡蛋要 9 戈比，就是这个价，急需的买主肯定会买的。"

二妹吃惊地说："太贵了吧。"

"贵又怎么样，"大姐接着说，"咱们按 7 个一份卖的鸡蛋不是便宜了吗，有贱就得有贵。"

大家都同意了。

姐妹三人在市场上各自找好位置坐下来卖鸡蛋，由于价钱便宜，买主纷纷聚来，一会儿功夫，按 7 个一份卖的鸡蛋全卖完了。小妹卖了 49 个鸡蛋，得到 21 戈比，还剩下 1 个鸡蛋；二妹卖出 28 个鸡蛋，得到 12 戈比，还剩下 2 个鸡蛋；大姐只卖了一份 7 个鸡蛋，得到 3 戈比，还剩下 3 个鸡蛋，她剩的最多。

这时，市场上来了一位女厨师，她是奉主人之命来买鸡蛋的，她的任务是买 10 个鸡蛋，因为主人的儿子回家来了，他又特别喜欢吃鸡蛋。厨师在市场上转了转，只看见三个卖鸡蛋的摊子，总共只有 6 个鸡蛋，必须把这些鸡蛋全买走，即便如此还差着数呢。

女厨师先跑到大姐的摊子前问："这 3 个鸡蛋卖多少钱？"

"每个鸡蛋 9 戈比。"

女厨师十分惊呀，"你怎么了？发疯啦？要这么多钱！"

大姐平静地说："随你怎么说，少一个钱也不卖，就剩这几个了。"

女厨师又跑到二妹的摊前问："什么价钱？"

"9 戈比一个，就这个价。"

女厨师最后去问小妹："你的鸡蛋要多少钱？"

小妹回答："9 戈比一个。"

毫无办法，女厨师只好用高价买下了这仅有的 6 个鸡蛋，她分别付给大姐 27 戈比，二妹 18 戈比，小妹 9 戈比，这样，三姐妹前后两次各自卖鸡蛋所得的钱数都一样，每人 30 戈比。

三姐妹回到家里，每人交了 30 戈比给妈妈，并向妈妈详细讲述了卖鸡蛋的经过。母亲非常满意，她的女儿不折不扣地完成了她交付的任务，特别为大女儿的聪明机智感到高兴。

这个问题的解答十分巧妙，其想法突破了常规，将鸡蛋分为按份卖和按个卖两种形式，制定了两种价格。按个卖居然比按份卖价格高得多，以致一个鸡蛋的价格等于 3 份鸡蛋的价格。只有这样做才能使 10 个鸡蛋与 50 个鸡蛋卖上一样的价钱。

如何卖鸡蛋达到预期目的，这确实是个数学问题。必须要先后用两种价钱卖鸡蛋，关键是怎样分份，怎样定价。

如果每份 2 个鸡蛋或 5 个鸡蛋，就不存在有零散鸡蛋，份数多少不同，三人卖得的钱也不等。

如果每份 3 个鸡蛋，仅看 $30=3\times10$，$50=3\times16+2=(3\times10)+(3\times6+2)$，便可知二妹卖得的钱还不及小妹的一部分卖得的钱，所以这种分法也不行。同理，由于 $10=4\times2+2$，$30=4\times7+2=(4\times2+2)+4\times5$，以及 $30=6\times5$，$50=6\times8+2=(6\times5)+(6\times3+2)$，也可知 4 个鸡蛋一份或 6 个鸡蛋一份的分法均不行。

如果每份 7 个鸡蛋，$10=7\times1+3$，$30=7\times4+2$，$50=7\times7+1$。去掉其公共部分（1 份零 1 个），三人分别剩的是 2，$7\times3+1$，7×6。

现在要让卖 2 个鸡蛋与 3 份零 1 个，或 6 份鸡蛋的价钱一样，即 3 份鸡蛋的价钱相当于 1 个鸡蛋的价钱，或说是 1 份鸡蛋是$\frac{1}{3}$个鸡蛋的价钱。这样的话，打算 10 个鸡蛋卖 30 戈比，那么每个鸡蛋卖价就是：

$$30\div\left(3+\frac{1}{3}\right)=9\text{（戈比）}$$

于是每份 7 个鸡蛋要卖 3 戈比。90 个鸡蛋总共卖 90 戈比，符合原题要求。

正是据上述道理，大姐才提出卖鸡蛋的正确方案。

一百个和尚分一百个馒头

此题是明代珠算家程大位在其所著《算法统宗》中所设，题目是用诗歌表达的："一百馒头一百僧，大僧三个更无争，小僧三人分一个，大小和尚各几个？”我们可以用假设法。假如全是大和尚，应该分300个馒头，现只有100个馒头，缺200个，少200个的原因是因为有一群小和尚。小和尚3人分1个，一个小和尚吃1/3，比大和尚每人少吃8/3个，那么200个馒头中包含有多少个8/3呢？200∶8/3＝75，这75就是小和尚数。那么大和尚数就可想而知了。

换个角度思考此问题：如果这100个和尚全是小和尚，每3人吃一个，则一个吃1/3，100个和尚吃1/3×100＝100/3个。余下100－100/3＝200/3个馒头，每个大和尚吃3个，即每个大和尚比每个小和尚多吃3－1/3＝8/3个，用一个大和尚换一个小和尚时，就要多吃8/3，200/3∶8/3＝25（人）。这样，大和尚25人，小和尚75人。

检验：3×25＝75（大和尚吃的馒头数）；1/3×75＝25（小和尚吃的馒头数）；75＋25＝100。

克拉维斯算题

意大利数学家克拉维斯于1583年在《实用算术概论》中设了这样一道题：“父亲对儿子说：‘做对一道题给8分，没做对每道题不但不给分还要扣去5分。’做完26道题后，儿子得了0分，求儿子做对了几道题？”

这道题我们可以用两种不同的方法来解。第一种方法是列方程来解。设儿子做对了X道题，按题意列方程如下：$8X-5(26-X)=0$；$13X=130$；所以$X=10$。即儿子做对了10道题，做错的题就是26－10＝16（题）。

另一种方法是假设法。如果26道题全做对了，应该得8×26＝208分，这样，每错一题就不是扣5分，而是13分，儿子得0分，做错的题数应是（208－0）÷13＝16（题），这样就求出做错的题数了。用算术式来表达即为：

（8×26－0）÷（8＋5）＝16（题）；26－16＝10（题）。

阿尔昆算题

英国数学家阿尔昆在《益智题》一书中曾出过这样一道题：有男子、女子、儿童共100人，分100把谷物，若每个男子得3把，每个女子得2把，儿童2人得1把，谷物恰好能分完。求男子、女子、儿童各有多少人？

我们可以通过列三元一次方程组来解这题。设有男子X人，女子Y人，儿童Z人。根据题意列出方程得：$X+Y+Z=100$（1），$3X+2Y+1/2Z=100$（2）。（2）式乘以2后减去（1）式得：$5X+3Y=100$。移项后求得：$Y=5/3(20-X)$。人数应该是正整数，筛选后，得出以下结果：X（男人）17，14，11，8，5，2；Y（女人）5，10，15，20，25，30；Z（儿童）78，76，74，72，70，68。

欧几里得算题

几何学之父，古希腊数学家欧几里得曾出过这样一道题：骡子和驴驮着谷物并排走在路上，骡子在途中对驴子说："如果把你驮的谷物给我一袋，我驮的就是你的两倍；如果把我驮的给你一袋，咱俩驮的袋数就相等。"请你算一下，它们各自驮了多少袋谷物？我们可以做一下假设。如果骡子给驴一袋，二者就相等，说明骡子驮的谷物是驴的2倍。刚才我们分析，骡子比驴多驮2袋，驴子再给它一袋，骡子比驴多$(2+1+1)=4$（袋），比驴子多4袋时，同时也是驴子的2倍，可见，这4袋谷物是驴子剩下谷物的1倍。所以我们可以通过计算得到所求的结果：驴子驮的代数为$(2+1+1)\div(2-1)+1=5$（袋）；骡子驮的代数为$5+1+1=7$（袋）。

诸葛亮调兵

诸葛亮是人人知道的一个传奇式的人物。相传，他在"借东风"之后，名声大振。但吴将中仍有不少人不服气，觉得"借东风"不过是瞎猫撞上死耗子。因此，很想找个机会当面探探深浅。

机会终于来了。这一天，诸葛亮来到吴都建业，屁股还没坐稳，就有几位将军围了上来，说："听说先生能掐会算，料事如神，很想当面请教。""不敢当!"诸葛亮笑了笑说，"不过众家将军如有什么吩咐，尽管直言。""那好，我们就请教了，现在本城四门都有守门军士，我们不说东、西、北三门，只说这对面的南门，那里的守门人数，相信先生一定能算得出来。先生您就不必推辞了。"诸葛亮一听，心里很不高兴，但他声色不露地说："众家将军问得好。不过要回答这个问题，山人需要借助诸位先把四门将士调动一下。

首先（调整）使每门人数一样多。其次（初步调动）先从南门分别向东、西、北门调去 1 人、2 人、3 人，再从东门调到西门 1 人，西门调到北门 1 人，北门调到南门 2 人。最后（关键调动）数一数南门现在有多少人，就从其他三门分别调入多少人。"

这些将军一一照办后，诸葛亮面带笑容，说："众家将军，现在山人就告诉你们东、西、北三门的人数。至于面前这座南门嘛，我想就不必再说了！这东门有……""算得好准"。诸葛亮话音刚落，几位将军就同时伸出了大拇指。

诸葛亮是怎么算出来的呢？道理如下：设每门都是 m 人，初步调动后：

东门为 $m+1-1=m$（人），

西门为 $m+2+1-1=m+2$（人），

北门为 $m+3+1-2=m+2$（人），

南门为 $m-1-2-3+2=m-4$（人），

关键调动后：

东门有 $m-(m-4)=4$（人），

西门有 $(m+2)-(m-4)=6$（人），

北门有 $(m+2)-(m-4)=6$（人）。

韩信点兵

韩信是刘邦的领兵元帅，相传韩信只要把队伍的队形进行变换，就可以算出自己有多少军队。例如，三人一行余二人，五人一行余三人，七人一行余二人，此题看起来难以计算。我国古代有一种算法，宋朝周密叫它“鬼谷算”，又名“隔墙算”，杨辉叫它“剪管术”，比较通行的名称叫“韩信点兵”。在《孙子算经》中可以见到其算法，后来数学家秦九韶又推广之，发现了一种算法，叫“大衍求一术”，这在数学史上是著名的问题，后来还流传着一首歌诀：

三人同行七十稀，
五树梅花廿一枝，
七子团圆正半月，
除百零五便得知。

设人数为 N，则有 $N=70\times2+21\times3+15\times2-2\times105=23$。70 是 5 与 7 的倍数，除以 3 余 1，为了使其余数为 2，所以有 70×2；同样 21 是 3 与 7 的倍数，为了能使它除以 5 余 3，所以有 21×3；同样 15 是 3 与 5 的倍数，15×2 除以 7 余 2；最后减去 105 的整数倍，因为 105 是 3、5、7 的最小公倍数，在 $70\times2+21\times3+15\times2$ 中完全符合题目的要求，除以 3 余 2，除以 5 余 3，除以 7 余 2，因此 $N=70\times2+21\times3+15\times2-2\times105=23$ 是它的最小值。改为 $N=105n+23$（n 是自然数），根据实际情况，就可以有相应的数与之对应，也就是说，韩信知道自己有多少军队。

塔尖灯的盏数

此题是明代珠算家所著《算法统宗》中的一道题：远望巍巍塔七层，红灯点点倍加增，共灯三百八十一，问问塔尖几盏灯？译成白话文是：远远望去，一座高塔巍巍耸立，共有七层。塔内红灯闪烁，由上至下每一层灯都较上层增加一倍。金塔共有灯三百八十一盏，那么试问塔尖有几盏灯？

我们可以先来分析一下，整个塔从上至下数，如果塔尖灯数为1份，第六层则为2份，顺次往下，第五层为4份，第四层为8份，第三层为16份，第二层为32份，第一层为64份，这样根据题意列出代数式：381÷（1+2+4+8+16+32+64）=381÷127=3（盏）。

我们也可以用方程法解这道题，先设塔尖灯的盏数为X，那么顺次下去。从六层到一层塔灯的盏数分别为$2X$、$4X$、$8X$、$16X$、$32X$、$64X$，根据题意列方程$X+2X+4X+8X+16X+32X+64X=381$，解方程求得$X=3$（盏）。

摩诃毗罗算题

摩诃毗罗（公元9世纪）是印度数学家，在其著作《计算方法纲要》一书中出过这样一题：有檬果若干，大王取1/6，王后取余下的1/5，3个王子分别取前一人余下的1/4、1/3、1/2，最后余下檬果3枚。求原来有檬果多少枚？这道题可以由逆算的方法来算：①三王子取前有多少枚？3÷（1－1/2）=6（枚）；②二王子取前有多少枚？6÷（1－1/3）=9（枚）；③大王子取前有多少枚？9÷（1－1/4）=12（枚）；④王后取前有多少枚？12÷（1－1/5）=15（枚）；⑤原来有多少枚檬果？15÷（1－1/6）=18（枚）。所以，原来有檬果18枚（从18枚开始按比例算下去，可知每人取的都是3枚）。

帽子的颜色问题

（1）有三顶红帽子，两顶白帽子，现将其中三顶给排成一列纵队的三人每人戴上一顶，每人都只能看到自己前面的人的帽子，而看不到自己和自己后面人的帽子。从后往前问三人同样的问题：“你戴的帽子是什么颜色？”最后面的人回答说：“不知道。”接着中间的人也说：“不知道。”然而最后回答问题的站在最前面的人却做出了肯定的正确回答。问这个人戴的帽子是什么颜色？

回答这个问题需要做正确的逻辑分析。

在提问后，最后面的人回答“不知道”，从中可断定以下事实：

前面两个人中至少有一个戴红色帽子。不然的话，如果前面两人均戴白帽子，而白帽子只有两顶，最后面的人就会知道自己戴红帽子，不会说不知道。这个事实中间的人也可得知，在此基础上他又回答“不知道”，那么一定是最前面的人戴着红帽子。不然的话，最前面的人若戴白帽子，因他与中间的人两人中至少有一个戴红帽子，那中间的人就一定戴红帽子了，中间的人也不会说不知道。于是，最前面的人戴红色帽子是正确结论。

在这个帽子的颜色问题中，戴着帽子回答问题的三个人应是聪明人，都能正确地进行逻辑推理，并作出正确的判断。如果有一个智力有问题，或胡乱猜测随便回答，那么整个事情就无法正确解释了。

此问题是一个传统的逻辑推理问题，人们经常利用这样的问题考察智力，既要看会不会推理，又要看整个推理过程是不是简明，还要看推理用的时间。在一个好的问题面前，可以充分显示人的思维能力。

中国著名数学家华罗庚对上述帽子的颜色问题作了改造，提出下面的问题：

（2）一位老师让三位聪明的学生看了一下事先准备好的五顶帽子：三顶白色的，两顶黑色的。然后让他们闭上眼睛，他替每个学生戴上一顶帽子，并把其余两顶藏起来，让学生睁开眼睛后各自说出自己戴的帽子的颜色。三人睁眼互相看了一下，踌躇了一会儿，觉得为难。继而异口同声地说自己头上戴的是白帽子。问他们是怎样推演出来的？

先看戴帽情况，有两黑一白、两白一黑、三白共三种情况。

若第一种情况，戴白帽子的学生一看便能说出自己戴的帽子颜色，而实际上三人睁眼互相看了一下，踌躇了一会儿，没一人马上说出，这表明这种情况是不符合现实。

这样三人都明白其中至多只有一人戴黑帽子，如果有一人戴黑帽子，另外两人必会立刻说出自己戴着白色帽子，而不会踌躇且觉得为难。三人均为难说明谁也没有看见有人戴黑色帽子。那么三人戴的都是白色帽子。

于是三位聪明学生便异口同声说出自己戴的帽子的颜色。

这个问题初看似乎感到条件不足，然而细一琢磨，“踌躇了一会儿，觉得为难，继后异口同声地说”里面涵义丰富，奥妙无穷。建立在这条件上，便可展开如上推理，层层深入，环环紧扣。

华罗庚推出这一改编的问题，让人深深体会到了数学大师的内在功力，其中表现出高超的思维技巧。

如果把人数增多，还可提出类似的问题：

(3) 四个爱动脑筋的小朋友接受老师的智力测验，看谁能最快最准确地回答问题。老师让他们都闭上眼睛，给他们每人戴上一顶帽子，或者是白的，或者是蓝的。然后让他们睁开眼睛，告诉他们：“谁看到的白帽比蓝帽多就马上举手。然后各位说出自己戴的帽子颜色。”大伙互相看了一下(每个人都看不见自己戴的帽子，但能看清别人戴的帽子)，谁也没举手，过了一会儿，也没有人说出自己戴的帽子颜色，其中一个叫小光的学生见大家都不说话，就猜出了自己头顶上的帽子颜色。问小光戴的是什么样的帽子。

再来分情况考虑。

如果恰有两个人戴白色帽子，另外两人都会看到两顶白帽，一顶蓝帽。他俩会同时举起手，而实际上无人举手，这表明在四个学生中最多只有一人戴白帽子。

如果只有一个学生戴白帽子，另外三人都会看到一顶白帽，两顶蓝帽，谁也不会举手。戴白帽子的人看到的是三顶蓝帽，也不会举手。三个戴蓝帽的人会想到：“我已看到一顶白帽子，如果我戴的也是白帽，就会有两人举手，而事实上没有举手，说明我戴的是蓝帽。”

可是，仍然没有人举手，这就说明一顶白帽也没有。四人戴的都是蓝帽子。

托尔斯泰的割草问题

俄国大文豪托尔斯泰不仅是文学巨匠，而且是个有名的“数学谜”。一有闲暇，他便动手编创数学题。其中“割草问题”便是其中最有趣的一道题。

一些割草人在两块草地上割草，大草地的面积比小草地的面积大 1 倍。上午全体割草人都在大草地上割草，下午他们对半分开，一半人留在大草地上，到傍晚时把剩下的草割完；另一半人到小草地割草，到傍晚时还剩下一块没割完。剩的一小块草地第二天由一个人割完。假定每半天的劳动时间相等，每人工作效率亦相同。问共有多少割草人？

下面是托尔斯泰的解法。因为大草地全体人割了一个上午，一半人割了一下午才将草地割完。所以如果把大草地的面积比作是 1，那么一半人在半天里割草面积为 1/3，另一半人在小草地上工作了一下午的割草面积也应为 1/3。由此可推断出第一天割草面积为 4/3。剩下的面积是多少呢？由大草地的面积比小草地大 1 倍，可知小草地面积为 1/2。因为第一天下午已割的小草地面积为 1/3，那么所剩面积应为 1/6，而这 1/6 恰好是第二天一个人的工作量。所以，将第一天割草总面积除以第一天每人割草面积，就是参加割草的总人数，即 $4/3 \div 1/6 = 8$（人）。

爱因斯坦的奇特记忆方式

爱因斯坦年轻的时候，有一次，他的女朋友打来电话：“我的电话号码又更换了，真难记。请你记好。” “好，我记下来。”爱因斯坦回答。“24361。”“这有什么难记？两打与 19 的平方！好啦，我记住了！”爱因斯坦说完，又不无遗憾地告诉女友自己的电话号码也换了。不过，他并没有直接告诉女友具体号码是多少，而是说：“原来和新换的电话号码都是 4 位数；新号码正好是原来号码的 4 倍；而且原号码从后面倒着写正好是新号码。”请问，你可知道这个新码是多少吗？

新号码是 8712，正好是旧号码 2178 的 4 倍。此题仅有这一个答案，不信你可以仔细再算一下。

意外的转换

有一次，一个青年慕名去拜访几何学家欧几里得，向他请教数字如何在几何里转换的。欧几里得没有正面回答这个问题，而是和他玩了一次卡片游戏。假定有9张标志着数字的卡片，这些卡片分别为1、2、3、4、5、6、7、8、9。这些卡片可以用几种不同的方法分成几组。例如我们要分成两组，其中一组的数字之和要是另一组的两倍，那么我们就可以把1、2、5、7（=15）分为一组，把3、4、6、8、9（=30）分为另一组。现在请将卡片分成两组（一组是4张，另一组是5张），使一组卡片上所看到的数字之和是另一组的3倍。如果一次你没成功，请你记住手上的是卡片。

答案是：将6转过来就变成了9。然后将卡片分在1、2、4、5（=12）一组；3、7、8、9、9（=36）一组。如果6不倒转过来，问题无法解决。

杰克·伦敦的旅行

一天，杰克·伦敦乘套5条狗的雪橇，从斯卡格雅伊赶赴自己的营地，因为那里有个朋友眼看就要死了。

在旅途中，第一个昼夜，有两条野性非常强的狗扯断了缰绳，和狼一起逃走了。无论杰克·伦敦怎么喊，这两条狗都不回来。于是，无奈之中，剩下的路程只好用3条狗来拉雪撬了。但是，前进的速度只是原来的3/5。杰克·伦敦真的是心急如焚，因为这样的话，他就很有可能再也不能见到这位好朋友了，这将是他的一个终生遗憾。最后，杰克·伦敦到达目的地的时间比预计的迟了两个昼夜，他的朋友早在一天以前就与世长辞了，临死前还呼唤着他的名字。其实，逃跑的两条狗如果能再拖雪橇走50千米，杰克·伦敦就能比预定时间只迟到一天。这样，他就完全能有机会再见朋友最后一面。聪明的读者，你能算出杰克·伦敦此次旅程的里程是多少千米吗？

答案是：此次旅程有400/3千米。

希尔伯特问题

一次轰动世界的讲演

20世纪的头一年，在巴黎召开的国际数学家会议上，一位德国年仅38岁的数学家、德国哥廷根大学数学教授希尔伯特，发表了一次轰动世界的演说，他指出：跨进20世纪的数学，将沿着他所发表的23个问题的方向发展。当时有的人惊叹这位青年数学家的胆略，赞扬他能站在数学发展的最前沿，大胆地进行预测，敏锐地作出科学判断，然而，也有人在一边冷眼旁观，感到这位年轻人是在说大话吹牛皮，怀疑20世纪数学的发展趋势能否被他提的23个问题所左右。

历史是最好的见证，至少20世纪上半叶，全世界的数学家们被这23个难题所吸引着，为了解决这些问题做了大量的研究工作，使许多数学新分支，特别是边缘学科相继诞生。可以毫不夸张地说，这23个难题成了整个数学界研究的中心课题，半个多世纪以来，能解决希尔伯特难题，已成为当代数学家的无上荣誉。美国数学家评选自1940年以来，美国数学十大成就中，有三项是希尔伯特难题中的第一、第五、第十问题的解决。

数学大师希尔伯特

1975年在美国的伊利诺斯大学，召开了一次国际数学会议。数学家们回顾四分之三世纪以来，对希尔伯特的23个难题的研究，约有一半以上已经解决了，其余一少半也都有了重大的进展，并且，这 23 个难题至今仍是数学家们非常注意的中心之一。

一个数学家在一次讲演中提出的问题，能对数学的发展产生如此久远而深刻的影响，这在数学史上是独一无二的，在人类文明的发展史上也是极为罕见的。因此，希尔伯特被称为 20 世纪数学发展的代表人物。

希尔伯特童年就跟着母亲学习数学，这对他成长为学识渊博的数学家影响极大。他毕业于东普鲁士的寇尼斯堡大学，早期研究代数不变式论、代数数论、几何基础，后来又研究变分法、积分方程、函数空间和数学物理方法等。1885 年，23 岁的希尔伯特就获得了博士学位。1895 年，他在德国最著名的科学教育中心哥廷根大学任数学教授。1899 年，他出版了《几何基础》一书，把欧几里得几何学整理为从公理出发的纯粹演绎系统，并把注意力转移到公理系统的逻辑结构。

希尔伯特在那次演讲中提出的 23 个难题，后来统称为希尔伯特问题，希尔伯特问题涉及数学知识的范围非常之广，理论也特别深，并且大多数是关于高等数学中的题目，这里只向读者介绍几个浅显的。

合理不合理，都是相对的

为了介绍希尔伯特第一难题，首先打个比喻：假设在我们面前放有“无限多个”装有水果的篮子，要从每个篮子里取出一个水果，放在一个空篮子里。如果装有水果的篮子是有限个，这个问题是显而易见的，由于装有水果的篮子是无限多个，于是就产生了这样做是否允许的问题，在数学上，这个问题的抽象提法称为“选择公理”。

希尔伯特第一难题叫做“连续统假设”，意思是相当于问从无限多个篮子里各选一个水果的选择公理，在数学上是否合理？1939 年奥地利数学家哥德尔证明：用通常的集合论公理，不可能推出选择公理是对的。1963 年美国数学家柯思又从另一方面证明：用通常的集合论公理，不可能推出选择公理是错的。这样，就产生了两种针锋相对的结论。并且，在承认推出“选择公理”是对的基础上，建立起一套数学理论，在不承认推出“选择公理”是对的前提下，也相应地创立一套数学理论。同时，令人惊奇的是两套数学理论都对，都各自成体系，都能自圆其说，无懈可击。这犹如欧氏几何、罗氏几何、黎曼几何三种几何学都对一样，只不过是相对于某一个范围内应用哪一种理论更为精细确切而已。有关这方面的研究，随着时间的推移，越来越深入。

希尔伯特难题不一定全是对的

科学的问题来不得半点虚假，预测的东西不一定全对。尽管一个人才华横溢，也有局限性，所提出的问题，不见得都是百分之百的正确。希尔伯特是目光锐利、智慧超群的数学家，已被举世公认，可是他提出的第二个难题，已经证明是错误的，不过否定这个难题，却是经过了极其艰难的过程。

这个难题是关于数学基础方面的内容，在数学研究中，越是基本的理论，越难于证明，这是众所公认的。这类问题像人类思维史上的一座座高山峻岭，只有那些具备惊人的数学才能和在崎岖小路的攀登上不畏劳苦的人，才有希望到达险峻的顶峰。

人们常常是把经过千百万次实践验证，又是最根本的若干命题作为公理，欧氏几何中的定义、公设或者公理都是人们经验的总结，是建立在直观基础上的一种抽象的具有“自明性”的命题。在数学中，以较复杂的概念、公理做为基础，来推出其他的定理或命题，这种整理和叙述数学知识的方法，叫做公理化方法，它是数学论证方法中最常用的一种。人们不禁要问：是不是任何科学都能用同一套公理、定义做基础呢？用一套公理能否推出数学里的所有定理呢？

希尔伯特的第二难题就是算术公理的无矛盾性。他希望借此证明：所有的数学定理都能由一组公理推出来。这种想法很好，它会使人易于掌握，同时，越是抽象的理论，应用起来越是广泛。然而，这种想法是办不到的。严格的科学，特别是非常精确的数学，不能凭想象决定对错，没有严格的数学论证是不能下定论的。可是，这个难题的证明，难度之大是难以想象的。30 多年，无论是肯定或者否定这个难题的文章都没有问世，甚至说毫无进展。直到 1931 年奥地利数学家哥德尔打破了希尔伯特的这一幻想，成功地证明了：任何一个公理化系统中，必定有一个命题不能由这组公理推出其正确与否。不少人看到了世界上第一个人否定了希尔伯特第二难题的证明，惊得目瞪口呆。因而，哥德尔的这一成就轰动了整个数学界，在数学的发展史上留下了重要的一页。

由希尔伯特猜想引起的问题

希尔伯特的23个难题中，有一些是关于数论方面的问题，如关于素数和方程的正整数解的问题，还包括实数中有关代数数和超越数的一个猜想。

满足整系数代数方程的数叫做“代数数”，如方程 $x^2-4x-3=0$ 的根 $x_{1,2}=2\pm\sqrt{7}$就是两个代数数，反之，不满足整系数代数方程的数，称为超越数，如 π、e 等都是超越数。

希尔伯特的第七个问题猜想：若 α 是非0非1的代数数，β 是无理数和代数数，那么 α^{β} 一定是超越数。

这个关于代数数和超越数的猜想，看起来远远要比哥德巴赫猜想容易解决，然而，也是30多年过去了，尽管世界上有相当多的人在研究这个猜想的解法，还是没有人能给出证明。

1934年，28岁的苏联青年数学家盖尔冯特终于给出了严格的数学证明，证明了希尔伯特的这个猜想是正确的。

希尔伯特第七问题虽然解决了，但是由此又引出了新的数学难题，即若 α 和 β 都是超越数，那么 α^{β} 是否一定是超越数呢？e^{e}、e^{π}、π^{e}、π^{M}是否都是超越数呢？这个难题在希尔伯特第七猜想得证的基础上，似乎不难，然而，至今只有 e^{π} 是超越数被证明，其他几个是不是超越数，至今没有解决，要想证明这些数是超越数，必须证明它们是不是整系数代数方程的根，而突破这一步并非轻而易举，经过这么多年的漫长岁月，不知有多少大胆的探险者，为解决这个问题而苦思冥想，至今不见分晓。

中华民族的骄傲

希尔伯特问题发表以来，全世界的数学家们都在进行研究，中国的数学家们也不例外。

希尔伯特第十六难题是关于微分方程极限环的性质。

1955 年苏联科学院院士彼得洛夫斯基发表文章指出：二次代数系统构成的微分方程组（简称为 E2），其极限环至多只能有三个，并宣布解决了希尔伯特的这个难题。后来有人发表文章指出他证明中的错误，同时怀疑他提出的结论的正确性。1976 年彼得洛夫斯基又发表文章，承认他的证明有错误，但认为结论还是正确的。

1979 年彼得洛夫斯基的结论，被一位中国的研究生推翻了。中国科技大学的数学研究生史松龄举出了关于 E2 至少出现四个极限环的例子，否定了彼得洛夫斯基关于 E2 至多只有三个极限环的论断，使得关于希尔伯特第十六难题的研究，经过 25 年后首次取得重大的进展。这是一个很了不起的研究成果，为中华民族赢得了荣誉。

不“数”不知道，一“数”吓一跳

围棋变化知多少

围棋由181个黑子和180个白子组成。棋盘是由纵横19路的361个交叉点组成。围棋盘上的每个交叉点都有可能出现黑子、白子或空不放子的可能，即一个交叉点有黑、白、空三种变化可能。两个交叉点就有3的2次方变化的可能。361个交叉点就有3的361次方变化的可能。

围棋变化的概数是173位数的正整数，用现代数学的写法是10的172次方。这是一个大得惊人的数字。如果用世界上最先进的电子计算机计算，我们假定计算机每秒钟计算1亿次，那么1个月可计算2592000亿次；1年估计可计算10的17次方；1万年可计算10的21次方；1亿年可计算10的25次方。要完成10的172次方的变化，需要的时间可想而知。

关于太阳的数字

太阳的半径将近70万千米，即使是跑得最快的光（每秒30万千米），从它中心到表面，也得花2秒钟，体积有130万个地球那么大。太阳的质量为1.989×10^{30}千克，是地球的33万倍，占整个太阳系的99.8%。太阳对地球的引力达3.5×10^{4}亿亿吨重，这样大的引力，可以一下子把2万根直径5

米粗钢缆拉断。太阳每秒钟释放出来的能量达 3.826×10^{7} 亿亿千瓦或者 5×10^{7} 亿亿马力。据计算，太阳每年辐射到地球上的能量只有它全部的22亿分之一。如果人类能把投射到地球的太阳能的千分之一、万分之一利用起来，世界上就不会发出能源危机了。

太阳内部温度大约1500万度，表面温度达6000度。

太阳在宇宙中诞生已快50亿年，这仅走过了她有生旅程的5%，她还要工作950亿年才能退休。

遥望星空知多少

远在几千年前，古希腊人便开始数星星的工作了，当时著名的天文学家希帕恰斯发现天上的星星有明有暗，于是他便按星星的明暗程度分为不同的等级，共划分六等。后来人们发现，一等星以上的亮星共有20颗，二等有46颗，三等有146颗，四等有418颗，五等有1476颗，六等有4840颗。肉眼所能看见的全天空里的星星不过6000多颗，由于我们生活在地球上，晚上只能看到半个天球，一半天球的星星在地平线以下，所以我们一个晚上所能看到的星星不超过3000多颗。后来，天文望远镜的发明，人们通过这双“千里眼”，可以看到比六等星更暗的星星。根据观测和计算，银河系里大约有2000亿颗星星。而银河系这样巨大的星系有4亿个。这仅仅是我们能观测得到的。而每个这样的星系中恒星的数目均为1000亿颗！

地球的一些数据

地球的体积正缓慢膨胀，直径的增长率约为每年0.5毫米。地球上每天来自大气圈外的陨石碎片约6吨，陨石燃烧的灰尘约0.8吨。地球上每年约发生地震上百万次，其中破坏力强的10次左右。地球生物圈大气层的厚度约为2500米，其中含氮78%，氧21%，氢1%，还有水蒸汽、二氧化碳和其他气体。地球与太阳的距离是14950万千米，地球与月亮的平均距离是38.44万千米，赤道半径6378千米，极半径6357千米，平均半径6371千米，赤道周长40075千米，地球公转一周365日5时48分46秒。地球的体积11000亿立方千米，地球的表面积51050万平方千米，地球的陆地面积14950万平方千米。地球的海洋面积36100万平方千米。

人体的有趣数据

人脑中血管纵横交错，总长度可达12万米以上；大脑能容纳大量信息，几乎相当于10亿册书的信息容量；在一秒钟之内，我们的大脑将有超过10万种不同的化学反应在进行，这些化学反应，令我们产生思想、情绪及动作。人体中水的重量约占65%，其余为蛋白质、矿物质等固体；人体24小时内释放的热量可以燃沸15千克冷水；人体共有206块骨头，约占人体体重的1/10～1/5；每人一生中平均脱落的皮肤，其总重量可超过227千克。

人体内的红血球，平均寿命为4个月，这期间它在人体内所走过的行程约为1600千米。一个健康正常人的眼睛，可以看到和分辨出700万种深浅层次不同的颜色。人体内的神经网，如果将它们全部拉成直线并连接起来，长度可达72.4千米。

我们的10根手指根本没有肌肉。每天大约有14立方米的空气通过我们的气管；这些气体可充300多个大型气球。人眼很敏锐，在没有月亮的黑夜，站在高处，可看到80千米以外燃烧的火柴光。人微笑时，牵动17条脸部肌肉，而皱眉则要牵肌肉43条。

种子寿命的有关数字

各种种子的寿命都是不一样的。沙漠里的梭梭树种子，只要有一点水，在2～3小时之内就能发芽，但只能活1～8个小时。可可、甘蔗的种子，离开母体后最多能活十几周。白杨和柳树的种子，最多也只能活七八个星期。热带和亚热带植物的种子，一般属于“短命”的。

种子里的长寿者，要算我国在辽宁新金泡子屯的泥炭层里挖出的古代莲子，科学测定，这些在地下睡了 835 ~ 995 年的莲子还有生命力。1967 年，加拿大报道在北美育肯河中心地区的旅鼠洞中，发现了 20 多粒北极羽扁豆的种子。

这些种子深埋在冻土层里，经碳十四同位素测定，它们的寿命至少有 10000 年。在播种试验时，其中有 6 粒种子发芽，并长成了植株。它们是迄今为止世界上寿命最长的种子。

生物的一些有趣数字

世界上有各种生命 125 万种，其中 2/3 是动物，其余为植物和微生物。

细胞一般很小，如果将其首尾相联，约 100 万个才有 1 毫米长，而原子如果排出 1 毫米则需 400 万个。

一只蜜蜂每天最多只能酿出 0. 15 克的蜜，而这需要吮吸 5000 朵花蕊中的花粉。酿造 1 千克蜜约需 3300 多万朵花蕊。蜜蜂酿蜜自然是为自己贮备食物，一蜂箱的蜜蜂每年消耗的蜜就达 250 千克。

世界上最大的动物不是鲸，而是水母，最大的水母有半个足球场大，不过只有 5% 是组织材料，其余都是水。

世界上最重的动物蓝鲸体长可达 35 米，足以吞下一只大牛，但在水中的速度每小时只能前进 24 千米，其尾部摆动产生的推力达到 350 千瓦以上。一片 15 多米宽的叶子（如果有的话）产生的淀粉足以供一个人一年的需求，而且要有 5 米宽的叶子，一个人就可保证得到足够的氧气。人的头发寿命只有几年，在我们的头上只有 85% 的头发是活的，其余是停止生长的，或者说是死的。

一些益鸟捕食害虫的有关数字

许多鸟类都是我们的好朋友。它们每天都在辛勤地“工作”着，为我们生活的环境造福除“害”。下面就是它们的战绩：

一只大山雀半个月育雏期间可食 2000 个害虫；一窝燕雏一天要吃 540

多只蝗虫；一只燕子整个夏天要捕食50万~100万只苍蝇、蚊子或蚜虫；一只小巧的戴菊鸟一天也要吃掉1000个蚂蚁卵；一只猫头鹰一个夏季可吃掉1000只田鼠或其他鼠，而一只田鼠一个夏天至少要糟踏1千克作物或粮食，所以，一只猫头鹰一个夏天便可保护1000千克粮食。

这些不起眼的小动物能为人类和自然界做出那么大的贡献，真是功不可没！所以，我们更应该保护这些益鸟，而不应该去伤害它们。

有关昆虫的数字

蜻蜓的远距离飞行。每年夏天，成群结队的蜻蜓从英国飞越多佛尔海峡，到法国去“旅行”一番，行程有上百千米，还有一种暗绿色的，身体只有3~4厘米的海蜻蜓，每年八月从赤道附近飞到日本。这个距离至少有3000千米，多的有4000千米，这是已知的昆虫飞行距离最远的纪录。

跳蚤的最高跳跃高度。1904年，美国人进行了一次试验。他们让跳蚤自由跳跃，发现一只跳蚤跳得最远，为33厘米，跳得最高的跳了19.69厘米。这个高度相当于它身体高度的130倍，如果一个身高1.70米的人，能像跳蚤那样跳跃的话，可以跳跃221米高，70层的楼房，他也可以一跃而上，毫不费力。

蜜蜂酿蜜其难。一只蜜蜂要酿造1千克蜜，必须在100万朵花上采集“原料”，并要在花丛与蜂房之间来回飞行15万次。假如采蜜的花丛到蜂房的平均距离为1.5千米，那么，蜜蜂采集1千克蜜就得飞上45万千米，差不多等于绕地球赤道飞行11圈。可见其难。

与水有关的数字

数字一般是枯燥的，但有时没有它却又很难说明问题的直观性。下面一组与水有关的数字：一个人在一年之中，仅仅维持其营养，就平均需要30吨左右的饮料和水；而为了满足其他一些生活需要，一个人至少需要150

吨水。可见，一个人一年总共需 180 吨水！

炼一吨钢要 200 吨水，生产 1 吨纸要 200～500 吨水，发 1000 度电要用 350 吨水，生产 1 吨化学纤维需水 1200～1800 吨，1 吨谷物需水 4500 吨，1 吨甘蔗需水 1800 吨，1 吨肉类食品共需水 31500 吨。一个 100 万人口的工业城市，每天至少用水 130 万吨，其中生活用水 50 万吨，工业农业生产用水 80 万吨。每人每天饮用水 1.22 升，呼吸入水 0.13 升，皮肤入水 0.09 升，食物中水 0.72 升。

每人每年平均（世界）用水 30 立方米，其中工业用水 20 立方米，每人每年最低用水量 2 立方米。

世界环境每分钟的变化

全世界在每分钟之内都会有很大的变化，这些变化同我们人类的生存也是息息相关的：全世界每分钟森林消失 21 公顷，每年消失 1100 万公顷；全世界每分钟毁坏耕地 40 公顷，每年毁坏 2100 万公顷；全世界每分钟沙漠化土地 11.4 公顷，每年沙漠化 600 万公顷。全世界每分钟 700 吨泥沙流入大海，每年总计有 250 亿吨泥沙流入大海；全世界每分钟 8500 吨污水排入大海，全年 4500 亿吨污水流入大海。全世界每分钟有 28 人由于水污染环境而死亡，每年死于污染环境有 1500 万人。

这些数字会不会让你感到惊讶。如果我们再不采取行动保护我们赖以生存的“家园”，总有一天人类会毁灭于自己所创造的恶果。

有关树的数字

澳洲的杏红桉树是世界上最高的树。杏红桉树一般都高过 100 米，其中有一株，高达 156 米，树干直插云霄，有 50 层楼那么高。

生长在墨西哥南瓦哈卡山谷的一棵巨型红杉是世界上最粗的树，至今已有 2000 多年的历史，其树干周长 42 米，体积 705 立方米，根深 500 米，每天喝水 5 万升，26 个印第安农民手拉手才能将大树围起来。

孟加拉国的榕树是世界上树冠最大的树，它可以覆盖3万多平方米的土地，有一个半足球场那么大，当地人还在一棵老的孟加拉国榕树下开办了一个人来人往、熙熙攘攘的市场。美国加利福尼亚的巨杉是树木中的“巨人”。其中最高的一棵有142米高，直径有12米，树干周长为37米，需要20多个成年人才能抱住它。它几乎上下一样粗，它已经活了3500年以上了。生长在美洲厄瓜多尔热带森林里的巴尔萨树，是世界上最轻的木材。这种木材干燥后比重只有0.1。而世界上最重的木材产于南非，比重为1.49，每立方米重达1490千克。

第一次数学危机

毕达哥拉斯

故事发生在公元前5世纪，那一日爱琴海上恶浪滔天，在风雨中飘摇的木船上，一伙道貌岸然的年轻学者把他们的同学希帕索斯身捆石头抛入了大海，制造了数学史上的一桩特大冤案，指挥这场凶案的正是这些年轻学者的老师，古希腊赫赫有名的大学问家毕达哥拉斯（公元前580年~公元前501年）。毕老夫子是当时希腊政治、科学和宗教的统治集团“友谊联盟”的领袖，该集团由300多位有社会地位、有学问的人士组成。当时是奴隶制社会，“友谊联盟”内部岂有友谊可言，一切以毕达哥拉斯的是非为是非，其他人必须服从，顺之者生，逆之者亡。在数学上，他们形成了影响深远的毕达哥拉斯学派，证明了勾股定理、三角形内角和为180°等重要数学定理，首先提出黄金分割和正多边形与正多面体等精彩概念，对古代的数学发展做出了巨大贡献。他们的旗帜上写着“万物皆数”（也翻译成“数统治着宇宙”），他们说的“数”指的只是自然数或正分数。

公元前470年，毕达哥拉斯的学生希帕索斯请教老师如下的问题：

边长为1的正方形，对角线的长是多少？

事实上，按老师证明的勾股定理，对角线的长 l 应满足 $1^2+1^2=l^2$，即 l 应该是这样的一个自然数或正分数，它的平方等于2。

但是，$1^2=1$，$2^2=4$，$3^2=9$，…，所以 l 不是自然数。设 $l=\frac{p}{q}$，$\frac{p}{q}$ 是既约正分数，则应有

$$l^2=\frac{p^2}{q^2}=2,\ p^2=2q^2 \qquad (1)$$

由（1）知 p 是偶数，令 $p=2k$，k 是自然数，则

$$4k^2=2q^2,\ 2k^2=q^2 \qquad (2)$$

由（2）知 q 是偶数，从而 p 与 q 有公因数2，与 $\frac{p}{q}$ 是既约分数相违。

正是上述这一问题和导致的矛盾激怒了权威毕达哥拉斯，更要命的是动摇了当时被尊为神圣真理的信念——数只有自然数和正有理数两种。希帕索斯提出对角线问题的挑战性和叛逆性，使得友谊联盟必置希帕索斯于死地，以捍卫他们关于数的既定信念。

正方形的对角线不能没有长度，这是任何人都承认的事实，正是这条直观具体的对角线的客观存在与毕达哥拉斯时代的数学观念之间发生了上述不可调和的矛盾和冲突。杀死一个希帕索斯，问题仍然未得到解决，当时人们的思想水平受历史背景和科学水平的局限，几乎人人信奉毕达哥拉斯学派的关于宇宙万物皆自然数或分数的教条，这好似当初人们都相信托勒密太阳绕地球转的地心学说一样，除了无知和对名人权威的盲目崇拜之外，也与大家不善于抽象思维和严格地逻辑推理，一切都与粗糙的直观感觉有关。

数学史上称勾股定理在“万物皆数”（仅承认自然数和分数是数）的信仰统治下算不出正方形对角线的长这一数学困惑为第一次数学危机。

后来数学家把毕达哥拉斯学派所称的数为有理数，这在一定程度上照顾了这位在数学史上做出大贡献的前辈的面子，也迎合了一般人的心理和

直觉。上面已严格证明边长为1的正方形之对角线的长不是有理数。称不是有理数的实数为无理数，希帕索斯是发现无理数的第一人。从“友谊联盟”的观点看，无理数是逻辑推理生出的一只怪蛋！再后来许多数学家对无理数的概念和理论做了大量的工作，给出了无理数的准确定义和性质，这件事一直到19世纪才基本完工，代表人物有戴德金、罗素、康托尔和维尔斯特拉斯等人。

由于无理数的引入，排除了第一次数学危机，或者我们应当庆幸第一次数学危机来得早，使无理数这个数学中的主角之一早日登上了数学的舞台。我们应当为希帕索斯喊冤叫屈，佩服其造反精神，相传精明的希帕索斯身高1.41米，体重恰为141磅（约64千克），他这些生理指标暗示他是$\sqrt{2}$的化身，这些传说的真伪已无从考查，人们姑妄谈之，我们姑妄听之，但有一点丝毫不可姑妄，那就是科学精神绝非信仰，科学是批判的、疑问的、创造的、严谨的和求实的，科学工作中不容迷信和崇拜。

第二次数学危机

牛顿与莱布尼茨初创微积分时，有些基本概念和细节没来得及加以严格地定义和论证，微积分本来就是讨论无穷过程和极限过程的科学，与人们有史以来习惯了的初等数学有本质区别。从现代高等数学的教学经验来看，即使高等数学已经经过两三百年的改造与完备化，大学一年级的同学接受微积分的思想和概念仍然十分困难，对其中很多概念，例如导数概念，仍然存有类似拒绝和排斥的心理，更何况牛顿与莱布尼茨是破天荒第一次向世人表述微积分！

贝克莱是爱尔兰科克郡的地方主教（1734年）、哲学家。他针对牛顿微积分中的一些不严格之处，发表了一篇叫做《分析学家，或致一位不信神的数学家》的文章，“分析学家”的主要矛头对着牛顿，“不信神的数学家”则攻击哈雷和莱布尼茨。当然，贝克莱的非难也得到了不少人的支持，其中不乏有名的数学家，例如法国著名数学家罗尔和荷兰数学家纽文斯。罗尔就说过“微积分是巧妙的谬论的汇集”，但是罗尔本人在微积分上也做出了许多工作，例如作为微分学基本定理的罗尔定理。贝克莱对牛顿的许多批评还是切中要害的。

下面引用牛顿的手稿《流数简论》中的话，看看当初牛顿在他的微积分中是如何使用“瞬”这个概念而引起贝克莱们的诘难的。

牛顿写道：

设有二物体 A 与 B 同时分别从 a、b 两点以速度 p 与 q 移动，所描画的线段为 x 与 y，若 A、B 作非匀速运动，A 从 a 点移动到 c，速度为 p 的 A 在某一瞬描画出无限小线段 $cd=p\times o$，B 在相同时刻从 b 点移动至 g 点，在同一瞬内将描画线段 $gh=q\times o$。

现设 x、y 之间的关系方程为

$$x^3-abx+a^3-dyy=0 \qquad (1)$$

我们可用 $x+po$ 和 $y+qo$ 分别代替 x 与 y 代入（1）得

$$x^3+3poxx+3ppoox+p^3o^3-dyy-2dqoy$$

$$-dqqoo-abx-abpo+a^3=0 \qquad (2)$$

得

$$3poxx+3ppoox+p^3o^3-2dqoy-dqqoo-abpo=0 \qquad (3)$$

其中含 o 的项为无限小，略之即得

$$3pxx-abp-2dqy=0 \qquad (4)$$

从现代微积分的观点来审视，（4）的结论是完全正确的，如果把 p 与 q 按牛顿当年的记号，分别写成 $\dot{x}$ 与 $\dot{y}$，则（4）变成

$$3x^2\dot{x}-ab\dot{x}-2d\dot{y}y=0$$

再引用当年莱布尼茨的记号 $\dot{x}=\frac{dx}{dt}$，$\dot{y}=\frac{dy}{dt}$，则得

$$3x^2\frac{dx}{dt}-ab\frac{dx}{dt}-2dy\frac{dy}{dt}=0,$$

为了不混淆，把 d 改写成 c，则得

$$3x^2dx-abdx-2cydy=0$$

$$(3x^2-ab)\ dx-2cydy=0$$

$$\frac{dy}{dx}=\frac{3x^2-ab}{2cy} \quad (5)$$

（5）是现代常微分方程论中的一个一阶可分离变量的方程。可见微分方程，即含未知函数 y（x）与其导数（牛顿当时称为流数）的方程是牛顿创立微积分时同时产生的，微积分与微分方程是孪生姊妹，微分方程这一数学中心学科的首创权亦应归于牛顿名下。

下面是贝克莱在《分析学家》一书中对牛顿的《流数简论》的批评：

“这种方法究竟是否清楚，是否没有矛盾且可以加以证明，或者相反，只是一种含糊的、令人反感的和靠不住的方法？我将以最公正的方式来提出这样的质疑，以便让你们，让每一位正直的读者做出自己的判断。”

贝克莱的这些质问的确事出有因，上面牛顿对瞬 o 没有数学定义，一会儿让它作除数，可见 o 不是零，一会儿把它忽略掉，又认为 o 为零，这里边似有需要澄清的矛盾。

由于运用牛顿—莱布尼茨的微积分方法总能得出正确结论，所以牛－莱坚信微积分是科学，必须反击贝克莱的攻击，发动微积分保卫战。牛顿、莱布尼茨等人纷纷著文还击贝克莱，无奈由于不能建立严密牢靠的基础，对“瞬”、“流数”等关键词给不出令人不可置疑的定义，所以未能及时驳倒贝克莱，这就是震惊数学界的第二次数学危机。

当然，真理是在牛顿们手里，挑战者贝克莱与第一次数学危机的挑战者希帕索斯不一样，贝氏是出于保守和宗教的偏见行事的，而不是为数学真理而争而论，希帕索斯则是数学上敢于与保守的学说决裂，锐意进取，为创立新的思想体系死不悔改的革新派，是企图跳出传统框架的“异教徒”。

经过柯西、欧拉、波尔察诺和外尔斯特拉斯等众多数学家的努力建设，修筑了微积分的坚实的基础，第二次数学危机才算彻底克服。

微积分的思想博大精深，例如无穷小和微商等，不仅牛顿、莱布尼茨时代，就是今日，也还是个值得细究的问题，它们究竟是实在的东西，还是一种观念，仍然可以讨论；事实上，一种数学概念，可能只是一种解决问题的手段或思维方法，这未必是唯心主义，数学当中莫非不能发明新技术或推理计算的艺术吗？

第三次数学危机

1919 年，科学家罗素提出如下的理发师悖论：

村子里仅一名理发师，且村子里的男人都需要刮胡子，理发师约定："给且只给自己不给自己刮胡子的人刮胡子。"

有好事者问理发师："理发师先生，你自己的胡子谁来刮？"

理发师无言以对。因为如果理发师说"我自己的胡子自己刮"，那么根据他与大家的约定，理发师不能给自己刮胡子，即这时他不该给自己刮胡子；如果理发师说"我的胡子不自己刮"，那么根据他与大家的约定，理发师应给自己刮胡子。可见理发师怎么回答也不行！

上述理发悖论可以稍微数学化地来表述，设集合

$B=$ {自己刮胡子的人}

若理发师 $\in B$，即理发师是自己刮胡子的人，但由"约定"，他不该给理发师刮胡子，即理发师 $\notin B$，矛盾！若理发师 $\notin B$，即理发师不自己刮胡子，由"约定"，他应给自己刮胡子，即理发师 $\in B$，矛盾！

罗素进一步把上述理发师悖论变成下面的一个数学悖论，称为罗素悖论。

在罗素表述悖论时，字字句句都未违反康托尔朴素集合论的观点，为什么出现了自相矛盾的事呢？要害是允许写 $B\in B$，即谈某些集合自己是自己的元素，亦即允许我们前面提出的"皮囊悖论"的存在；为了排除罗素悖论，保卫已建成的数学大厦，数学家策墨罗、弗兰克尔等抛出一套所谓公理集合公理系统，按他们的公理规定，禁谈 $B\in B$，从而解除了第三次数学危机。

第三次数学危机出现的前夕，数学界一派升平乐观气氛，1900 年，庞加莱在第二次国际数学家大会上自信而兴奋地宣称："我们可以说，现在的数学已达到了绝对的严格。"过不了几年，罗素悖论犹如晴天霹雳，使数学界一片哗然，希尔伯特惊呼："在数学这个号称可靠性与真

理性的模范里，每个人所学、所教、所用的概念及结构和推理方法，竟导出不合理结果；如果数学思考也失灵的话，那么我们到哪里去找可靠性和真理性呢？”

第一次、第二次和第三次数学危机的出现和排除使数学家们对数学的认识更为清醒了，人们有了思想准备，也许还有第四次、第五次数学危机乃至第 n 次（$n \geqslant 3$）；但可以相信，人类有能力排除任何数学危机，而且，每次数学危机爆发之日，就是新的数学概念、新的数学理论孕育之时，随着危机的排除，数学则会得到划时代的进展与突破。

数学中七个“千年大奖问题”

20 世纪是数学大发展的一个世纪。数学的许多重大难题得到完满解决，如费马大定理的证明，有限单群分类工作的完成等，从而使数学的基本理论得到空前发展。

计算机的出现是 20 世纪数学发展的重大成就，同时极大推动了数学理论的深化和数学在社会和生产力第一线的直接应用。回首 20 世纪数学的发展，数学家们深切感谢 20 世纪最伟大的数学大师大卫·希尔伯特。希尔伯特在 1900 年 8 月 8 日于巴黎召开的第二届世界数学家大会上的著名演讲中提出了 23 个数学难题。希尔伯特问题在过去百年中激发数学家的智慧，指引数学前进的方向，其对数学发展的影响和推动是巨大的，无法估量的。

效法希尔伯特，许多当代世界著名的数学家在过去几年中整理和提出新的数学难题，希冀为新世纪数学的发展指明方向。这些数学家知名度是很高的，但他们的这项行动并没有引起世界数学界的共同关注。

2000 年初美国克雷数学研究所的科学顾问委员会选定了七个“千年大奖问题”，克雷数学研究所的董事会决定建立 700 万美元的大奖基金，每个“千年大奖问题”的解决都可获得 100 万美元的奖励。克雷数学研究所“千年大奖问题”的选定，其目的不是为了形成新世纪数学发展的新方向，而是集中在对数学发展具有中心意义、数学家们梦寐以求而期待解决的重大难题。

“世纪难题”之一：*P*（多项式算法）与 *NP*（非多项式算法）问题

在一个周六的晚上，你参加了一个盛大的晚会。由于感到局促不安，你想知道这一大厅中是否有你已经认识的人。晚会主人向你提议说，你一定认识那位正在甜点盘附近角落的女士罗丝。你向那里扫视，并且发现晚会主人是正确的。然而，如果没有这样的暗示，你就必须环顾整个大厅，一个个地审视每一个人，看是否有你认识的人。生成问题的一个解通常比验证一个给定的解时间花费要多得多。这是这种一般现象的一个例子。

与此类似的是，如果某人告诉你，13717421 这个数可以写成两个较小的数的乘积，你可能不知道是否应该相信他，但是如果他告诉你它可以分解为 3607 乘上 3803，那么你就可以用一个袖珍计算器验证这是否是对的。不管我们编写程序是否灵巧，判定一个答案是可以很快利用内部知识来验证的，如没有这样的提示则需要花费大量时间来求解，这被看做逻辑和计算机科学中最突出的问题之一。它是美国科学家斯蒂文·考克于 1971 年陈述的。

“世纪难题”之二：霍奇猜想

此难题由苏格兰数学家 *W.* 霍奇在 1950 年提出。基本想法是问在怎样的程度上，我们可以把给定对象的形状通过把维数不断增加的简单几何营造块粘合在一起来形成。这种技巧变得如此有用，使得它可以用许多不同的方式来推广，最终导致一些强有力的工具，使数学家在对他们研究中所遇到的形形色色的对象进行分类时取得巨大的进展。不幸的是，在这一推广中，程序的几何出发点变得模糊起来。在某种意义下，必须加上某些没有任何几何解释的部件。霍奇猜想断言，对于所谓射影代数簇这种特别完美的空间类型来说，称作霍奇闭链的部件实际上是称作代数闭链的几何部件的（有理线性）组合。

“世纪难题”之三：庞加莱猜想

如果我们伸缩围绕一个苹果表面的橡皮带，那么我们可以既不扯断它，也不让它离开表面，使它慢慢移动收缩为一个点。另一方面，如果我们想象同样的橡皮带以适当的方向被伸缩在一个轮胎面上，那么不扯断橡皮带或者轮胎面，是没有办法把它收缩到一点的。我们说，苹果表面是“单连通的”，而轮胎面不是。大约在100年以前，法国数学家庞加莱已经知道，二维球面本质上可由单连通性来刻画，他提出三维球面（四维空间中与原点有单位距离的点的全体）的对应问题。这个问题立即变得无比困难，从那时起，数学家们就在为此奋斗。

“世纪难题”之四：黎曼假设

我们已经知道有些数具有不能表示为两个更小的数的乘积的特殊性质，例如2、3、5、7等等。这样的数称为素数。它们在纯数学及其应用中都起着重要作用。在所有自然数中，这种素数的分布并不遵循任何有规则的模式，然而，19世纪德国数学家黎曼观察到，素数的频率紧密相关于一个精心构造的所谓黎曼蔡塔函数 $z(s)$ 的性态。著名的黎曼假设断言，方程 $z(s)=0$ 的所有有意义的解都在一条直线上。这点已经对于开始的15亿个解验证过，证明它对于每一个有意义的解都成立将为围绕素数分布的许多奥秘带来光明。

“世纪难题”之五：杨－米尔理论

量子物理的定律是以经典力学的牛顿定律对宏观世界的方式对基本粒子世界成立的。大约半个世纪以前，杨振宁和米尔发现，量子物理揭示了在基本粒子物理与几何对象的数学之间的令人注目的关系。基于杨－米尔方程的预言已经在如下的全世界范围内的实验室中所履行的高能实验中得到证实：布罗克哈文、斯坦福、欧洲粒子物理研究所和筑波。尽管如此，他们的既描述重粒子、又在数学上严格的方程没有已知的解。特别是，被大多数物理学家所确认、并且在他们的对于“夸克”的不可见性的解释中应用的“质量缺口”假设，从来没有得到一个数学上令人满意的证实。在这一问题上的进展需要在物理上和数学上两方面引进根本上的新观念。

“世纪难题”之六：纳威厄-斯托克斯方程

起伏的波浪跟随着我们正在湖中蜿蜒穿梭的小船，湍急的气流跟随着现代喷气式飞机的飞行。数学家和物理学家深信，无论是微风还是湍流，都可以通过理解纳威厄-斯托克斯方程的解，来对它们进行解释和预言。虽然这些方程是19世纪写下的，我们对它们的理解仍然极少。挑战在于对数学理论作出实质性的进展，使我们能解开隐藏在纳威厄-斯托克斯方程中的奥秘。

“世纪难题”之七：波奇和斯温纳顿-戴雅猜想

数学家总是被诸如 $x^2+y^2=z^2$ 那样的代数方程的所有整数解的刻画问题着迷。欧几里得曾经对这一方程给出完全的解答，但是对于更为复杂的方程，这就变得极为困难。事实上，正如马蒂雅谢维奇指出，希尔伯特第十问题是不可解的，即不存在一般的方法来确定这样的方法是否有一个整数解。当解是一个阿贝尔簇的点时，波奇和斯温纳顿-戴雅猜想认为，有理点的群的大小与一个有关的蔡塔函数 $z(s)$ 在点 $s=1$ 附近的性态。特别是，这个有趣的猜想认为，如果 $z(1)$ 等于0，那么存在无限多个有理点（解）；相反，如果 $z(1)$ 不等于0，那么只存在有限多个这样的点。

数学工具

最原始的计算工具

计算是人类的思维活动。人类初期的计算主要是计数。最早用来帮助计数的工具是人类的四肢或身边的石头、绳子等。中国古语“屈指可数”，这说明了人们常用手指来计算简单的数。

在美国纽约的博物馆里，珍藏着一件从秘鲁出土的古代文物，名叫“基普”，意即打了绳结的绳子。基普是古人用来计算和记事的。传说公元前6世纪，波斯国王在一次战争中曾命令一支部队守桥，他把一条打了结的皮带交给留守将士，要他们每守一天，解开一个结，一直守到皮带上的结全部解完才能撤退。

没有文字时，我国古代的人们就用绳子打结的方法来计数。他们还使用小石子等其他工具来计数。例如，他们饲养的羊，早晨放牧到草地里，晚上必须圈到栅栏里。这样，早晨从栅栏里放出来的时候，出来一头就往罐子里扔一块石子；傍晚羊进栅栏时，过去一头就从罐子里拿出一块石子。如果石子全部拿光了就说明羊全部进圈了；如果罐里还剩下石子，说明有羊丢失，必须立刻去寻找。

最早的数学表

上中学数学课，计算时常常要用一些数学表：平方表、立方表、三角函数表……有了数学表，可以直接查表得到结果，大大方便了计算。这些数学表是在长期的逐步积累中发展、完善的。

在靠近幼发拉底河的古代巴比伦的庙宇图书馆遗址中曾挖掘出大量的泥土板，上面用楔形文字刻着乘法表、加法表、平方表、倒数表和平方根表等。这些都是人类最古老的数字表。中国历史上最早的数学表是“乘法九九表”。九九表在我国很早就已经普遍被人掌握了。在我国敦煌等出土的西汉竹简上，都记载着不完整的九九表。例如，敦煌的汉简中的九九表，即九九八十一；八八六十四；五七三十五；八九七十二；七八五十六；四七二十八；五五二十五；七九六十三；六八四十八；三七二十一；四五二十；五八四十；三五一十五。

今天，人们可以用电子计算器来代替许多数学表，但在很多情况下，人们还在使用九九表，因为它很方便易学，也很实用。

规矩的使用

规和矩发明于中国，是古人用来测量、画圆形和方形的两种工具。“规”就是画圆的圆规，“矩”就是折成直角的曲尺，尺上有刻度。古人说“不以规矩，不能成方圆”，就是这个意思。规矩发明确切年代已无法查清，但在公元前15世纪的甲骨文中，已有规、矩二字了。汉朝著名的史学家司马迁著的《史记》中有这样的记载：夏禹治水的时候，是“左准绳，右规矩”。这说明在夏禹治水的年代（约公元前2000年）就有了规和矩这两种工具了。

规矩的作用，对于我国古代几何学的发展有着重要的意义。周代数学家商高曾对“用矩之道”作过理论总结：“平矩以正绳，偃矩以望高，覆矩以测探，卧矩以知远。”这一句话，精炼地概括了矩的广泛而灵活的用途。

古希腊人研究几何问题时，一般用直尺和圆规这两种工具。这种直尺没有刻度，只能画直线。希腊人作图只能从最基本的工具——直尺和圆规开始，完成尽可能多的几何图形。对用直尺圆规作图的研究，导致了许多数学定理的发现。

算盘与珠算

算盘是由我国大约在14世纪左右发明的，一直以来它都是我国最普遍的计算工具之一。用算盘来计算的方法叫珠算。

中国算盘以其制作简单、价格低廉、运算方便、易学易记的珠算口诀等优点，长盛不衰。除了中国，还有些地区也出现过算盘，但都没有流传下来。15世纪中期在《鲁班木经》中已有制造算盘的详细介绍。关于珠算术，明代吴敬《九章算法比类大全》记载最早。1537年我国徐心鲁写了一本系统介绍珠算算法的书，1592年程大位又写了《直指算法统宗》等，这都加快了算盘的推广，使珠算流传到许多国家。国际上曾多次进行计算速度的比赛，在和手摇计算机及电子计算机的对抗赛中，每次加、减法的冠军都是算盘，因此有了电子计算机的今天，人们仍广泛使用算盘。

最早的三角函数表

最早的三角函数表是公元2世纪的天文学家托勒密编制的。古希腊人在天文观测过程中，已经认识到三角形的边之间具有某种关系。到了托勒密的时代，人们在天文学的研究中发现有必要建立某些精确确定这些关系的规则。托勒密继承了前人的工作成果，并加以整理和发展，汇编了《天文集》一书。书中就包括了我们目前发现的最早的三角函数表。不过这张表和我们现在使用的三角函数表大不相同。

托勒密只研究了“角和弦”。他所谓的弦就是在固定的圆内，圆心角所对弦的长度。2X的弦（即角2X所对弦的长度）是AB，它等于我们现在所说的*sin*（即AC/OA，我们把圆的半径定为单位长，所以OA = 1）的2倍：1/2角的弦$2\alpha = \sin\alpha$。托勒密在《天文集》中，编制了以（1/2)°范围间隔的从0°到180°之间所有角度的弦表，因此，它其实是现实意义下的以（1/4)°为间隔的0°到90°的正弦函数表。

今天我们研究的三角函数表里包括四种基本的三角函数：正弦、余弦、

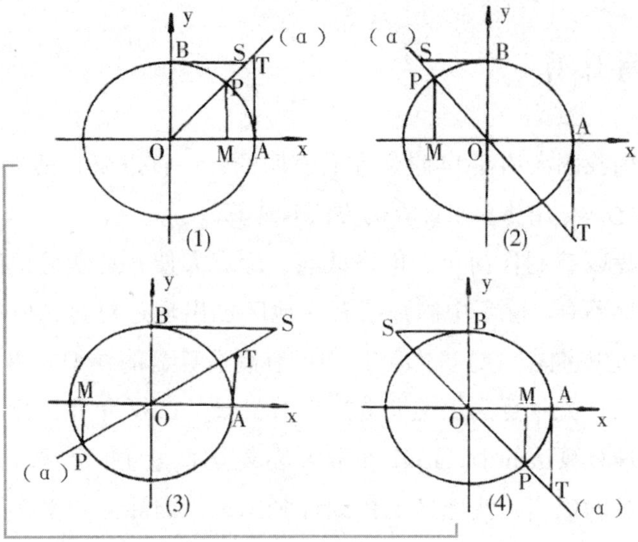

三角函数图像

正切、余切。

三角函数及其应用的研究，现在已成为一个重要的数学分支——三角函数，它是现代数学的基础知识之一。

天文学家与对数

通常，人们公认苏格兰的纳皮尔公爵是对数的发明人。恩格斯曾把笛卡尔的坐标、纳皮尔的对数、莱布尼兹与牛顿的微积分共同称为17世纪数学的三大发明。著名的数学和天文学家拉普拉斯曾说："对数，可以缩短计算时间，在实效上等于天文学家的寿命延长了许多倍。"

先看两个数列：0、1、2、3、4、5、6、7、8、9、10、11、…；1、2、4、8、16、32、64、128、256、512、1024、2048、…。如果计算第二行中两个数的积，只要在第一行中找到相应的两个数，这两个数的和所对应的第二行中的数就是所求的积。如果求 16×128，可以通过这张表直接得出16对应4，128对应7，$4+7=11$，11对应的是2048，这就是 16×128 的积。纳皮尔发明的对数理论结构也与此相同，不过，当初他建立对数的思路与现在的对数概念还不完全一样。

有了对数，乘方、开方运算可以转化为乘法、除法运算；而乘、除法运算又可以转化为加、减法运算。高一级的数学运算转化为低一级的数学运算，这正是对数方法能够化繁为简的奥妙，也是对数方法的力量所在。

纳皮尔计算尺

纳皮尔尺是一种能简化计算的工具，又叫“纳皮尔计算尺”，是由对数的发明人纳皮尔发明的。它由 10 根木条组成，每根木条上都刻有数码，右边第一根木条是固定的，其余的都可根据计算的需要进行拼合或调换位置。

纳皮尔尺可以用加法和一位数乘法代替多位数的乘法，也可以用除数为一位数的除法和减法代替多位数除法，从而简化了计算。

纳皮尔尺的计算原理是“格子乘法”。例如，要计算 934 × 314，先画出长宽各 3 格的方格，并画上斜线；在方格上方标上 9、3、4，右方标上 3、1、4；把上方的各个数字与右边各个数字分别相乘，乘得的结果填入格子里；最后，从右下角开始依次把三角形格中的各数字按斜线相加，必要时进位，便得到积 293276。

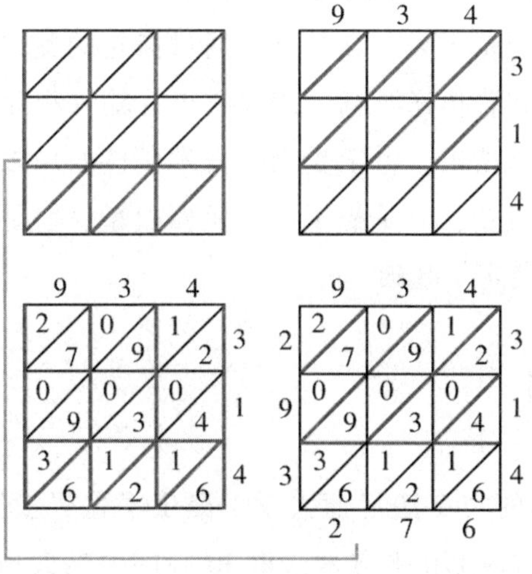

纳皮尔计算尺

纳皮尔计算尺只不过是把格子乘法里填格子的任务事先做好而已。需要哪几个数字时，就将刻有这些数字的木条按格子乘法的形式拼合在一起。

纳皮尔计算尺也传到过中国，北京故宫博物院里至今还有珍藏品。

机械计算机和分析机

算盘、对数计算尺等都不能自动连续地进行运算，也不能储存运算结果，运算速度也不够快，因而人们就想制造一种能代替人工并进行快速计算的机器。

1642年，法国数学家帕斯卡发明了世界上第一台机械计算机。这台计算机是像钟表那样利用齿轮传动来实现进位，计算时要用小钥匙逐个拨动各个数字上的齿轮，计算结果则在带数字小轮的另一个读数孔中显示出来，计算结束后还要逐个恢复0位。这台计算机只能做加减法，操作也非常复杂，但在当时是一个了不起的发明，成了计算工具变革的起点。以它为基础，此后人们发明了手摇计算机。

手摇机械计算机及后来的电动计算机，由于四项运算都需要计算人员的亲自操作，使得计算速度受到限制。为了克服这一点，英国的数学家查尔斯·巴贝奇，花费了几十年的时间，于1833年构思了一种分析机。这种分析机用刻有数字的轮子来存储数据，通过齿轮的旋转进行计算，用一级齿轮和械杆构成的装置传送数据，用穿空卡片输入程序和数据，用穿孔卡片和打印机输出计算结果。由于受当时技术条件的局限，巴贝奇耗费了大量资金也没有获得成功，只是搞了一个机器模型。但是，他的设想为现代电子计算机的诞生奠定了基础。

电子计算机

1946年在美国的宾夕法尼亚大学，诞生了世界上第一台电子计算机ENIAC。它是一个占地170平方米，重30吨的庞然大物，由18000个电子管组成，每小时耗电量为140千瓦，每秒钟可以进行5000次加法运算，它的最重要的特点是能按照人编写的程序自动地进行计算。

第一台电子计算机——埃尼阿克

从1946年至今，经过60多年的发展，电子计算机的运算速度越来越快，复杂程度越来越高，体积越来越小，更新周期越来越短。就机器本身来说，电子计算机已“进化”到第六代了。

作为一种计算工具，电子计算机和一般计算工具相比，有以下几个特点：

（1）运算速度快。有的能够达到每秒进行十几亿次运算。速度较慢的也能每秒钟进行10万次运算。

（2）计算精度高。现代计算机的计算值可达64位数。

（3）具有“记忆”和逻辑判断能力。可以记录程序、原始数据和中间结果，还能进行逻辑推理和定理证明。

（4）能自动地进行控制，不必人工干预。电子计算机的应用已迅速渗透到人类社会的各个方面。从宇宙飞船、导弹的控制、原子能的研究及人造卫星到工业生产、企业管理等都不同程度地应用了计算机。

数学的“软工具”——逻辑方法

有这样一个二人游戏：桌面上放着一堆火柴，由两人轮流从这堆火柴里每次取走1～3根，谁取这堆火柴的最后一根，谁就是获胜者。要想取胜，就必须找出获胜的规律。

依次对5、6、…根火柴实验，可以发现，只要在某次取后分别留下8、12、20、…根火柴，就一定能获胜。也即获胜的规律是，必须每次取火柴后留下$4n$（$n=0，1，2，\cdots$）根火柴，定会获胜。

拿火柴的一般获胜方法是个别的，以简单的情况出发，通过实验得出结论，然后再总结出一个一般性结论，这种方法就叫归纳法，它是人类认识客观法则的重要方法。

归纳法也是数学中的一个重要方法，除它之外，还有演绎法、综合法、模拟法、分析法等，它们统称逻辑方法。

数学家广泛地运用数学表、标尺、计算机等实物工具外，更常使用的就是软工具——逻辑方法。事实上，数学的许多定律、公式乃至科学分支学科，都是运用这些软工具获得的。几何学就是演绎的结果。其实正是因为数学家有一套系统的软工具，才使数学成为最系统、最严密的一门科学。

数学符号的产生

英国数学家克莱因指出：代数上的进步是由于引进了较好的符号体系，这对它本身的发展和分析的发展比16世纪技术上的进步更为重要。事实上，采取了这一步，才能使代数成为一门科学。

数学家克莱因

数学大量的运算和推理都是通过数学符号进行的。数学符号是一种特殊的数学语言，它能清楚地表达数学概念、运算过程和人的思维过程。在叙述上起着节约时间的作用，而且还能精确而深刻地表述着某种概念、方法与逻辑的关系。伟大的德国数学家莱布尼兹说过：“符号（指数学符号）的巧妙和符号的艺术，是人们绝妙的助手，因为它们使思考工作得到节约……在解释说明上有所方便，并且以惊人的形式节省了思维。”俄国数学家罗巴切夫斯基也说过：“数学符号的语言更加完善、准确、明晰地提供了把一些概念传达给别人的方法。”

数学中使用的符号

学习数学，是从学习数学符号开始的。在历史上，从0到9这十个阿拉伯数字符号被引入数学以后，曾引起了数学的一场革命。

法国数学家韦达是第一个将符号引入数学的人。他的代数著作《分析术新论》是一部最早的符号代数著作。不过，现在的数学符号体系主要采取的是笛卡尔使用的符号。他提出用26个英文字母中的最后字母 X、Y、Z 表示已知数等等。借助于符号，数学就变得简洁明了，使用方便，而数学本身的发展也加快了。

数学符号一般有以下几种：

(1) 数量符号：2/5，3，1.424242…，$3+2i$，e，x，∞ 等等。

(2) 运算符号：加减乘除（+，-，×，÷），根号（$\sqrt{\ }$），比号（:）等。

(3) 关系符号："="是相等符号，"≈"是近似符号，"≠"是不等号。

(4) 结合符号：圆括号（ ），方括号〔〕等。

(5) 性质符号：正负号（+，-），绝对值符号（| |）等。

(6) 略省符号：三角形（△），因为（∵），所以（∴），总和（Σ）等。

加法符号"+"

加号是1489年德国数学家魏德迈首先在其所写的一本算术书中使用的。

加号的来历经过一段曲折的发展道路。古代许多国家除了用文章式的书写加法外，还有的将数字衔接在一起书写来表示加法。例如，古希腊和印度人就不约而同地把两个数字写在一起表示加法，这种记法的痕迹直到今天还可以看到。15世纪，在欧洲已采用了拉丁字母的"p"（Plus 的第一个字母，意思是相加）或"$\bar{P}$"。例如，4P3 表示 4+3，3P5 就表示 3+5。中世纪后期，欧洲的商业逐渐发达起来。一些商人常在装货的箱子上画一个“+”号，表示质量超过了。在1489年之后，经过法国数学家韦达的提倡和宣传，加号开始普及。

关于加号的由来，还有下述说法：

符号“+”是由拉丁文“et”演变而来的，原字就是“and”，是“增加”的意思。14世纪至16世纪欧洲文艺复兴时期，意大利数学家塔塔里亚用意大利文“Piu”（就是“Plus”，“相加”的意思）的第一个字母表示加，并写成“φ”。

加号正式得到大家的公认，还是1630年。

在中国，以“李善兰恒等式”闻名于世的数学家李善兰曾经用“上”表示加号（用“下”表示减号），由于我国当时社会上普遍使用算筹和珠算进行加、减、乘、除四则运算，因而没有提出和准行专门使用的数学运算符号，李善兰提出的加（减）号没有得到推广使用。

减法符号“－”

在古代，许多国家如古希腊和印度人表示两数相减，就把这两个数写得离开一些距离，这样表示相减当然是不明确的。另外，古希腊数学家基奥芬特曾使用符号“⫛”表示减号，符号“－”先由拉丁文“minus”缩写成$\overline{m}$，后又略去字母m演变而来，原意是“减去”的意思。加号与减号开始用于商业，分别表示“盈余”和“不足”的意思。传说，卖酒人用线条“－”记酒桶里的酒卖了多少，在把新酒灌入大桶时，就将线条勾销，成为“+”，灌回多少酒，就勾销多少条，久而久之，符号“+”就被用来表示加号，符号“－”表示减号。

中世纪后期，欧洲商业逐渐发达，一些商人常在装货箱子上画一个“－”号，表示质量略有不足。虽然如此，“－”号仍是德国数学家魏德曼1489年在他的著作中首先使用的，后来经过法国数学家们的大力提倡和宣传，“－”号开始普及，直到1630年“－”号才获得大家的公认。

乘法符号“×”

“×”号是英国数学家威廉·奥特雷德在1631年提出的，在他的著作中用“×”表示乘法。如果说“+”号是表示量增加的一种方法的话，那么“×”号则是表示量增加得更快的一种方法，因而把“+”号斜过来写。“×”号出现以后，曾遭到德国数学家莱布尼兹的坚决反对，理由是：“×”号与拉丁字母“X”相似，很容易混淆。莱布尼兹赞成用“·”表示相乘。1637年，法国数学家笛卡尔也采用“·”号表示相乘，“×”号与“·”号相持不下，一直到今天这两种运算符号都在继续使用着。莱布尼兹曾提出用“∩”表示相乘，这个符号现在主要运用在集合论中，表示集合的交集。如果A表示所有等腰三角形组成的集合，B表示所有直角三角形组成的集合，那么，它们的交集$A \cap B$就是所有等腰直角三角形组成的集合。

另外，“·”与“×”还可以描述两个矢量a，b的点积与叉积。若$|a| = a$，$|b| = b$，夹角$(a, b) = \theta$，则$a \cdot b = ab\cos\theta$，$a \times b = (ab\sin\theta)c_0$，其中$c_0$表示垂直于$a$，$b$两矢量的单位矢量，方向服从右手系。

除法符号“÷”

“÷”号也是奥特雷德在1631年提出的，他还曾经用“:”表示“除”或者“比”。在他之后，莱布尼兹也提出用“/”表示除。

中世纪时，阿拉伯数学很发达，出现了一位大数学家阿尔·花拉子模。他曾用除线“–”或“/”表示除，例如$\frac{6}{23}$，$\frac{8}{19}$，2/27，…人们认为，现在通用的分数记号即来源于此，至于“÷”号的由来，基于较长一段时间的“÷”号与“:”号的混用，都认为各自的符号优越。后来出现了第三种意见，这就是1630年在英国人约翰·比尔的著作里，他把阿拉伯人的除号“–”与比的记号“:”结合起来构成了“÷”号。

在一些外国的出版物中，很少看到“÷”，一般都是用“:”来代替，因为比的记号的用法与“ ÷ ”号基本上一样，大可不必再画出中间的一条线，所以除号“ ÷ ”现在用得越来越少了。

等号“ = ”、大于号“ > ”、小于号“ < ”

现在通用的符号“ = ”是1540年英国牛津大学数学教授锐考尔德开始使用的，锐考尔德在《智慧的磨刀石》中说：“两条等长的平行线作为等号，再相等不过了。”就是说，他认为最能表示相等的是平行且相等的两条线段。16世纪法国数学家维叶特也曾使用过“ = ”，但在他写的著作中，这个符号并不表示相等，而是表示两个量的差别。到了1591年，经法国数学家韦达在他的著作中大量地使用等号“ = ”以后，等号才逐渐为人们所接受和公认。但是等号“ = ”真正被大家普遍使用，却是17世纪以后的事情了，这是因为德国数学家莱布尼兹广泛地使用这个符号，而且他的影响又很大。在等号“ = ”通用之前，与等号含意相同的缩写符号“est”也流行过一段时间。

大于号“ > ”及小于号“ < ”，是1631年英国著名的代数学家赫锐奥特（1560～1621）创用的。至于“≮”、“≯”、“≠”这三个符号的出现，那是近代的事了。

小括号“（ ）”、中括号“［ ］”、大括号“｛ ｝”

小括号“（ ）”或称圆括号是1544年出现的，中括号“［ ］”或称方括号、大括号“｛ ｝”或称花括号都是1593年由数学家韦达引入的，它们是为了适应多个量的运算而且有先后顺序的需要而产生的。在小括号产生以前人们曾用过括线“$\overline{\quad\quad}$”，例如，$10+\overline{8+19}=10+27=37$，而且在小括号产生以后，括线仍在应用着，它的痕迹到现在还遗留在根号的记法上。

近年来，在记数法中，也应用了小括号，例如，为了把八进制与通常的十进制在写法上区别开来，通常把八进制数的外面加一个小括号，并在右下方写一个“8”字，如$(1023)_8$，就表示八进制中的1023，如要用十进制数写出来，就是 $(1023)_8 = 1\times 8^3 + 0\times 8^2 + 2\times 8 + 3\times 8^0 = 531$。

根号“$\sqrt{\quad}$”

平方根号是法国数学家笛卡尔首先在他的著作中使用的，他把立方根号写成$\sqrt{C}$，例如，8 的立方根写成为 $\sqrt{C.\ 8}$。在笛卡尔之前数学家卡当曾用 R 表示平方根，R 是 Radix（拉丁文“根”）的缩写变形。

德国学者在 1480 年前后，曾用“·”表示平方根，如·3 就是 3 的平方根，用“··”表示 4 次方根，用“···”表示立方根。16 世纪初，小点带上了一条尾巴，这可能是写快时带上的。到了 1525 年，在路多尔夫的代数里$\sqrt{8}$，$v\sqrt{8}$表示$\sqrt{8}$，$\sqrt[4]{8}$，笛卡尔的根号比路多尔夫的根号多了一个小钩并加上了括线，这对于被开方数是多项式时就方便得多，而且不致于发生混淆了。

指数符号“a^n”

用指数来表示数或式的乘幂，经过了复杂的演变过程。远在 14 世纪时，法国数学家奥利森开始采用了指数附在数字上的记法，1484 年，法国数学家舒开在他的著作《三部曲》里用 12^3，10^5 和 120^8 表示 $12x^3$，$10x^5$ 和 $120x^8$。他又用 12^0 表示 $12x^0$，用 7^{-1}表示 $7x^{-1}$。

意大利数学家邦别利在他的《代数学》一书中把 x、x^2 和 x^3 写成①、②和③。例如，$1+3x+6x^2+x^3$ 就写成为：$1P3$①$P6$②$P1$③。1585 年，荷兰数学家斯提文把这个式子写成 $1^0+3^1+6^2+1^3$。斯提文还采用了分数指数 $\frac{1}{2}$表示平方根，$\frac{1}{3}$表示立方根等等。

笛卡尔在 1637 年系统地采用了正整数指数。他把 $1+3x+6x^2+x^3$ 写成 $1+3x+6xx+xxx$，他和别人有时也采用 x^2 这种记法，但不固定。一直到了 1801 年由高斯采用 x^2 代替 xx 后，x^2 成了标准的写法。面对于较高的幂指数，笛卡尔用 x^4，x^5，…来表示，但没有用 x^n。牛顿最早使用了正指数、负指数、整数指数和分数指数，而且指出了不论什么指数，都可以用 a^n 来表示，并给出了 a^n 的定义。

对数符号“log”、“ln”

对数符号“log”最早是由莱布尼兹在数学书中引进的。它的正源来自于拉丁文 logarithm（对数）的前三个字母，进一步的缩写 lg 则表示以 10 为底的对数即常用对数。常用对数也叫布里格斯对数。如果以无理数 e 为底，$e=2.718\,281\,828\,459\,045\cdots=\lim\limits_{n\to\infty}(1+\frac{1}{n})^n$，则称为自然对数，自然对数用符号“ln”来表示，记号“ln”是由欧拉引进的，是拉丁文 anturalis 和拉丁文 logitumus 合成的。

虚数单位 i、π、e 以及 $a+bi$

虚数单位“i”首先为瑞士数学家欧拉所创用，到德国数学家高斯提倡才普遍使用。高斯第一个引进术语“复数”并记作 $a+bi$。“虚数”一词首先由笛卡尔提出。早在 1800 年就有人用（a，b）点来表示 $a+bi$，他们可能是柯蒂斯、棣莫佛、欧拉以及范德蒙。把 $a+bi$ 用向量表示的最早的是挪威人卡斯巴·魏塞尔，并且由他第一个给出复数的向量运算法则。“i”这个符号来源于法文 imkginaire——“虚”的第一个字母，不是来源于英文 imaginarynumber（或 imaginaryquautity）。复数集 C 来源于英文 complexnumber（复数）一词的第一个字母。

圆周率“π”来源于希腊文 π*elφela*——“圆周”的第一个字母。“π”这个记号是威廉·琼斯在 1706 年第一个采用的，后经欧拉提倡而通用。

用“e”来表自然对数的底应归功于欧拉。他也是第一个证明了 e 是无理数的人。公式 $e^{i\theta}=\cos\theta+i\sin\theta$ 为欧拉首创，被称为“欧拉公式”。式子 $e^{i\pi}+1=0$ 将 i、π、e、1 这四个最重要的常数连在一起，被认为是一个奇迹。

函数符号

“数学从运动的研究中引出了一个基本概念，在那以后的两百年里，这个概念几乎在所有的工作中占中心位置，这就是函数——或变量间的关系——的概念。”

伽利略用文字和比例的语言表达函数关系。17 世纪中叶，詹姆斯·格列格利在《论圆和双曲线的求积》中，定义函数是这样一个量：它是从一些其他量经过一系列代数运算而得到，或者经过任何其他可以想象的运算得到的。

约翰·伯努利、欧拉都认为函数是一个变量和一些常量经任何运算得到的解析式。整个 18 世纪占统治地位的函数是一个解析表达式。持这种观点的还有拉格朗日、达朗贝尔、高斯、傅里叶等。

柯西在他 1821 年的书中首先给出变量的概念，又给出了一个量是另一个量（自变量）的函数的概念，这个概念近似于现在的函数概念。狄利克雷给出了（单值）函数的定义，即如果对于给定区间上的每一个 x 的值有唯一的一个 y 值同它对应，那么 y 就是 x 的函数。这个定义实际上与现在中学教科书上的定义一样。

在函数符号的引入上，1665 年，牛顿用“流量”（fluent）一词表示变量间的关系。莱布尼兹用“函数”（function）一词表示随着曲线上点的变动而变动的量——这个量可以是切线、法线等。约翰·伯努利还用“X”或“ξ”表示一般的 x 的函数；1718 年，他又改写为“φx”。现在的记号，f（x）是欧拉于 1734 年引进的。“f”来源于拉丁文 functio，而不是英文 function。

求和符号“Σ”、和号“S”、极限符号及微积分符号

求和符号“Σ”，正源来自于希腊文“σοναρω”（增加），用它的第一个字母的大写。数列中的和号，正源也是拉丁文 samma——“和”的第一个字母。很多人认为它来源于英文 Sum（和）似有误。现在的积分号“∫”

是莱布尼兹创用的，记号“∫ ”是英文 sum——“和”的第一个字母的拉长，微分号也是由他首创的。极限符号的正源，是拉丁文“limes”（极限），而法文 limeite 和英文 limit 均有“极限”的意思，但不是正源。极限符号的读法一般按英文 limit 的读法。

其他符号

由于英文的通用，数学中的许多代号和符号大都为英文的简写。如 Max、Min（最大、最小）来源于英文 Maximus Value（最大值），Minimus Value（最小值）；$A \cdot P$ 和 $G \cdot P$ 分别表示等差数列和等比数列，它们来源于 Arithmetical progression（算术数列、算术级数）Geometrieal progression（几何级数、等比数列）；质数通常用 P 表示，来源于 prime number（质数、素数）；Im（z）和 Re（z）表示 z 的虚部和实部，分别来源于 Imaginary part（角）、side（边），用于平面几何中（a，s，a）、（s，s，s）等；直线常用 l 表示，源于 line；点用法表示源于 point；RtΔ 源于 Right （angle） triangle 等。

探索路上的数学家

数学之神——阿基米德

阿基米德

阿基米德（公元前 287 ~ 前 212）出生在西西里岛的叙拉古地区一个科学世家，父亲是当时有名的数学家和天文学家，阿基米德就读于亚历山大大学，是欧几里得学生的学生。他的许多学术成果是通过与亚历山大学者们的通信保存下来的。他的贡献涉及数学、力学和天文学等领域，传世的科学著作不少于 10 种，其中含有众多创造性的发现。例如《论球与圆柱》《论螺线》《论劈锥曲面体与球体》《抛物线求积》《论浮体》《论杠杆》《论重心》《论平板的平衡》等等，其中有不少内容是永远闪光的精彩作品，例如《论球与圆柱》中有下列定理：

①球面积等于大圆面积的 4 倍。

②以球的大圆为底，球直径为高的圆柱体积等于球体积的$\frac{3}{2}$，其表面

积是球面积的$\frac{3}{2}$。

阿基米德十分欣赏他得到的这个双$\frac{3}{2}$的和谐优美的定理，留有遗嘱要后人在他的墓碑上刻上圆柱的内切球，后人果真遵嘱实现了他的遗言。

在《论螺线》中，阿基米德定义了一种漂亮的螺线，这种阿基米德螺线的表达式为：

$\rho = a\theta$

其中 $a>0$，θ 是转角（弧度制），ρ 是动点向径，则从原点出发逆时针旋转一周后动点到达 A 点，阿基米德证明图中阴影区面积 S 是以 OA 为半径的圆面积的$\frac{1}{3}$，即

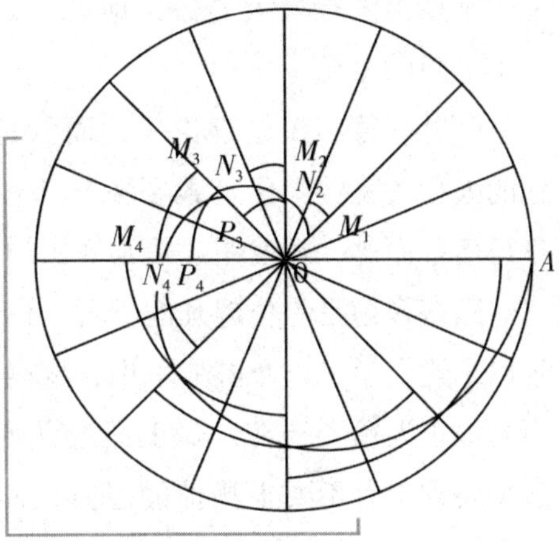

阿基米德螺旋线

$$S = \frac{1}{3}\pi\ (2\pi a)^2$$

$$= \frac{4}{3}a^2\pi^3$$

在《论杠杆》中，阿基米德风趣地比喻说："给我一个立足点，我可以移动这个地球。"以此来向人们阐明杠杆的省力原理。

他的著作当中，熟练的计算技巧与严格的证明融为一体，是古代数学当中精确性与严格性相统一的典范，是古代精确科学所达到的顶峰。

叙拉古的国王亥洛是阿基米德的好朋友，据传国王亥洛曾令人制作了一顶王冠，他怀疑王冠不是纯金的，匠人掺了假，有一些银子熔在里边。国王无法找到真凭实据，只好请教多才善算的阿基米德来解决这一难题。阿基米德也是首次遇到如此棘手的问题，他反复思考多日，一天，阿基米德正在洗浴，突获灵感，赤身跑出浴池大呼："我找到（办法）了，我找到

了。"他用阿基米德浮力原理解决了王冠问题。

阿基米德在《论砂粒》一文中涉及10^{68}和$2^{10^{17}}$。"这样巨大的数，他已经明确指出没有最大的数，他说，无论多大的数都可以表示出来，他已经有了极限的思想。

阿基米德不仅是理论家，而且是实验科学家和技术专家。例如，他制造的大型透镜曾聚焦焚毁了罗马入侵者的战船，创造的投掷机把攻城敌兵打得落荒而逃，还发明过提水灌田的水泵等机械。

阿基米德是一位超凡的学者，17岁就成了有名的科学家，他专心致志，乐以忘忧。第二次布匿战争中，罗马士兵攻占了叙拉古，冲进他家的院子，当时他正聚精会神在沙盘上研究几何图形，当罗马士兵逼近他时，他忙站起来要求来者不要干扰他的思路，而这个罗马士兵竟举刀砍杀了这位科学巨人的头颅!

人类首席数学家——欧几里得

欧几里得虽然并不是杰出的数学家，但他撰写的《几何原本》却是两千多年以来人类智慧的乳汁，是每位科学家的必修课本，因此，将欧几里得称为数学乃至整个自然科学的奶娘也是不为过的。在学术界里，许多学者认为欧几里得是开天辟地以来，人类首席数学家。

欧几里得生于公元前330年希腊的亚历山大城，受教于柏拉图学派，并在亚历山大城组建欧几里得学派。他与阿基米德、阿波罗尼奥斯是古希腊三大数学领袖，他们的成就是古希腊数学成就的巅峰。

欧几里得并不是欧几里得几何的创始人，但他的最大贡献是把前人的几何成果整理归纳，纳入了严密的从公理公设出发的逻辑体系之中，写成一部人类几何知识的集大成《几何原本》。可惜《几何原本》的原作已经失传，现在各种语言翻译的版本皆为后人修订、注释重新编撰的。《几何原本》早期只有手抄本，直至1482年才在意大利的威尼斯问世了第一部《几何原本》的印刷本，至今已经有各种文字的一千多种版本的《几何原本》正式出版发行。

欧几里得不仅是一位学识渊博的数学家，同时还是一位有“温和仁慈的蔼然长者”之称的教育家。在著书育人过程中，他始终没有忘记当年挂在“柏拉图学园”门口的那块警示牌，牢记着柏拉图学派自古承袭的严谨、求实的传统学风。他对待学生既和蔼又严格，自己却从来不宣扬有什么贡献。对于那些有志于穷尽数学奥秘的学生，他总是循循善诱地予以启发和教育，而对于那些急功近利、在学习上不肯刻苦钻研的人，则毫不客气地予以批评。

欧几里得

在柏拉图学派晚期导师普罗克洛斯的《几何学发展概要》中，就记载着这样一则故事，说的是数学在欧几里得的推动下，逐渐成为人们生活中的一个时髦话题，以至于当时托勒密国王也想赶这一时髦，学点儿几何学。虽然这位国王见多识广，但欧氏几何却在他的智力范围之外。于是，他问欧几里得：“学习几何学有没有什么捷径可走？”欧几里得严肃地说：“抱歉，陛下！学习数学和学习一切科学一样，是没有什么捷径可走的。学习数学，人人都得独立思考，就像种庄稼一样，不耕耘是不会有收获的。在这一方面，国王和普通老百姓是一样的。”

欧几里得开严密逻辑证明之先河，他示范了一切数学命题之证明必须从定义和公理出发引用已有的定理或公式，正确运用逻辑规则来推理，禁止有半点的含混和想当然。他写的《几何原本》就是这种“数学美”与数学文化的样板。事实上，如果不坚持欧几里得的这种“数学规矩”，数学的生命力就会丧失。

除几何之外，欧几里得在数论、光学等方面尚有不俗的成就。例如他是证明素数无穷的第一人；他的著作颇丰，除伟大经典《几何原本》外，还有《二次曲线》《图形分割》《曲面与轨迹》《数据》《辨伪术》《镜面反射》《现象》，等等。

他在证明“两圆面积比等于两者直径平方比”时，首次使用“穷竭法”，是极限思想的原始形态。他说圆与边数足够的内接正多边形的面积差可以小于任何预先给定的量，这正是近代微积分中无穷小的原型。

现代数学方法的鼻祖——笛卡尔

笛卡尔1596年生于法国都兰，贵族出身，科学史上的传奇人物，伟大的数学家、物理学家、哲学家和生物学家。我们只从数学的角度介绍他的事迹与思想。

笛卡尔20岁毕业于普瓦捷大学法律系，但他既不想成为世袭贵族，对法律亦无兴趣。他具有许多创新的思想，绝不因循守旧和迷信古人，敢于向传统挑战；他勤于思考，他的名言是：“我思，故我在。”他不仅读书破万卷，而且对社会、对宇宙深入观察，努力实践。他说：“我遇到的一切我都仔细研究，目的是从中引出有益的东西。”他无正当职业，行思古怪，终生未娶，心怀大志，专心科学，变卖家产、著述等身。1629年，笛卡尔移居荷兰，深居简出，著书立说。主要著作有：《方法论》《论世界》《形而上学的沉思》《哲学原理》《几何学》。《几何学》中译本1992年由武汉出版社出版。全书分三篇，第一篇的内容是规尺作图，引入平面坐标系来建立几何问题的方程，包含着解析几何的要旨；第二篇进一步发展解析几何的思想和方法，讨论如何由坐标与方程研究多种曲线的性质。

笛卡尔

笛卡尔发明的解析几何使变量和运动进入数学，是初等数学向高等数学发展的转折点，为函数论和微积分等现代数学主流的创立奠定了基础，也为几何学开拓了有力的研究方法，所以笛卡尔被科学史家公认为现代数学方法的鼻祖。

笛卡尔认识到欧几里得几何学过

分强调证明技巧和过分依赖图形，酷似少儿“看图说话”，不利于几何学的进步，而代数又完全受制于法则和公式，过于抽象，缺乏直观性。他主张把两者联姻，形成数学分支间的杂交优势，解析几何是笛卡尔对他那个时代以及之后的世代数学家们恩赐的无价的数学财富。

笛卡尔强调通过数学建模来解决科学上的实际问题，他在《方法论》一书中宣言：

“把一切问题化成数学问题，把一切数学问题化成代数问题，把一切代数问题化成单个方程来求解！”

今天听来，他的话说得有点过头，但在许多场合，上述观点是可行的；事实上，他那个时代尚未建立系统的非线性数学（例如非线性微分方程和混沌等），所以上述“笛卡尔纲领”中的“一切”二字似应修正。

笛卡尔重视直觉，他说：“我们不应该只服从别人的意见或自己的猜测，而是仅仅去寻找清楚而明白的直觉所能看到的东西，以及根据确实的资料做出的判断，舍此之外，别无求知之道。”他还说过：“数学不是思维的训练，而是一门建设性的有用的科学，研究数学是为了造福人类。”

笛卡尔身体一直不健康，不得不躺在床上看书和思考，据说解析几何就是他躺着想出来的。1649 年，瑞典年轻的皇后克利斯蒂娜邀请笛卡尔辅导她学习数学，笛卡尔看她喜爱数学，聪慧刻苦，为人正派，就答应了她，每天清晨为这位特殊的学生授课，由于瑞典气候寒冷，笛卡尔不久染患肺炎，第二年（1650）2 月，这位伟大的科学家与世长辞。

为全人类增添光彩的人物——牛顿

牛顿是英国林肯郡人，出身于农家，1642 年生，尚未出生即已丧父，降生后其母改嫁他乡，小牛顿由外婆抚养和供其上学。1661 年考入剑桥大学，1669 年被评为剑大数学教授，1703 年被选为英国皇家学会会长，并接受女王安娜的封爵，1727 年逝世。

牛顿的科学贡献涉及数学、力学、天文学、物理学和化学等众多领域，为数学和自然科学奠定了以下四个方面的基础。

牛　顿

（1）创建微积分，奠定了近代数学的基础。牛顿与德国数学家莱布尼茨同时独立创立的微积分，后来发展成近代数学的中心学科，在它的基础上衍生出常微分方程、偏微分方程、复变函数论、微分几何、泛函分析、变分法等数学分支以及理论力学、天体力学等自然科学学科。为数极多的数学问题和自然科学问题，不用微积分就根本不能解决。在微积分的成果面前，就连曾不遗余力攻击牛顿的流数（即导数）术挑起第二次数学危机的大主教伯克莱，最后也表态说："流数术是一把万能的钥匙，借助于它，近代数学家打开了几何乃至大自然的秘密，这一方法使数学家们能够在发现定理和解决问题方面大大超越古人。"现代著名科学家冯·诺伊曼如此评价："微积分是近代数学当中最大的成就，对它的重要性，无论怎样估计，都不会过分。"

（2）首创光谱分析实验，为近代光学奠定了基础。

（3）发现力学三大定律，为经典力学奠定了基础。

（4）发现万有引力定律，为近代天文学奠定了基础。

科学家阿西莫夫认为，任何一位科学家，只要具有牛顿这四项发现中的一项，就足以成为最著名的科学家，而牛顿集四项成就于一身，只有牛顿是有史以来最伟大的科学家，是人类文明史上的超天才。

1665年伦敦发生瘟疫，剑桥停课，牛顿还乡一直住到1667年，风华正茂、才气横溢的牛顿在家乡做出了人类思想史上无与伦比的几项发现：负指数和分数指数的二项式级数；微分学和积分学；作为了解太阳系结构的万有引力定律；用三棱镜把日光分解成可见光谱，借以解释了彩虹的由来等。

牛顿是一个内向沉稳的科学家，对出书和发表文章没多大兴趣，代表作是《自然哲学的数学原理》。

此人就是一所科学院

莱布尼茨

莱布尼茨，德国莱比锡人，1646 年生，出身书香门第，父亲是莱比锡大学哲学教授，与牛顿的命运相似。莱布尼茨 6 岁丧父，由慈母抚养成才。15 岁改入莱比锡大学法律系，但他最有兴趣的却不是法律，而是数学。20 岁完成法学博士论文，校方以他太年轻为口实，拒授他法学博士学位。另一所大学仔细审阅他的论文，授予了他法学博士学位，且聘他为法学教授。当时他的兴趣已转向科学与数学，于是谢绝了法学教授的聘任，自由而专心地研究哲学和数学，终于和牛顿同时独立地创立了微积分，与牛顿形成英吉利海峡两岸双星辉映的灿烂数学文化。

莱布尼茨不仅对数学科学做出了划时代的贡献，而且对哲学、逻辑学、语言学、航海学和计算器具甚至历史学等方方面面都有重大成就。1673 年被选为英国皇家学会会员，1700 年被选为巴黎科学院院士，他是柏林科学院首任院长，普鲁士的腓特烈大帝称莱布尼茨说："此人本身就是一所科学院。"此言准确地表达了莱布尼茨学问之渊博和对科学发展贡献之巨大。

莱布尼茨的思想具有哲学家的气质，他研究数学时在思路和细节上充满了哲学与逻辑的特色，而牛顿的气质则是物理学家类型的，牛顿研究数学的思路与细节更多的是借助于物理上的启发，这两种风格各有千秋，如果两者结合起来，则会更为完美。莱布尼茨主张用自然主义限制有神论，用合乎理性的哲学替代世俗的信仰与迷信大杂烩的"野蛮哲学"，即用理性替代愚昧和上帝，为科学发展争夺地盘。所以莱布尼茨只是半个基督徒，是披着宗教外衣反宗教的正派的科学家。在当时宗教横行的德国，莱布尼茨内心深处是反对封建神学和经院哲学的，但必须打着与上帝妥协的旗号，他称上帝是最高的数学家，上帝是按数学规律来设计和安排宇宙的。

数学界的莎士比亚——欧拉

欧　拉

欧拉生于瑞士的一个牧师家庭，18岁开始发表数学论文，19岁毕业于巴塞尔大学，是约翰·伯努利的学生，但他的工作很快就超过了他的老师。他1733年领导俄国彼得堡科学院高等数学研究室，一生为人类留下886篇科学著作或论文，是古今最多产的作家，所以有人把欧拉称作是“数学界的莎士比亚”。他与高斯、黎曼被公认为是近世三大数学家。几乎数学的所有领域都留有欧拉的足迹。他的文章表达浅显易懂，总是津津有味地把他那丰富的思想和广泛的兴趣写得有声有色，就连法国物理学家阿拉哥在谈到这位举世无双的数学天才时说：“他做计算和推理毫不费力，就像人们平常呼吸空气或雄鹰展翅翱翔一样。”

欧拉在柏林工作期间，将数学成功地应用于其他科学技术领域，写出了几百篇论文。他一生中许多重大的成果都是这期间得到的，如有巨大影响的《无穷小分析引论》《微分学原理》即是这期间出版的。此外，他研究了天文学，并与达朗贝尔、拉格朗日一起成为天体力学的创立者，发表了《行星和彗星的运动理论》《月球运动理论》《日蚀的计算》等著作。在欧拉时代还不分什么纯粹数学和应用数学，对他来说，整个物理世界正是他数学方法的用武之地。他研究了流体的运动性质，建立了理想流体运动的基本微分方程，发表了《流体运动原理》和《流体运动的一般原理》等论文，成为流体力学的创始人。他不但把数学应用于自然科学，而且还把某一学科所得到的成果应用于另一学科。比如，他把自己所建立的理想流体运动的基本方程用于人体血液的流动，从而在生物学上添上了他的贡献，又以流体力学、潮汐理论为基础，丰富和发展了船舶设计制造及航海理论，出版了《航海科学》一书，并以一篇《论船舶的左右及前后摇晃》的论文，荣获巴黎科学院奖金。不仅如此，他还为普鲁士王国解决了大量社会实际问题。1760 年到 1762 年间，欧拉应亲王的邀请为夏洛特公主函授哲学、物理学、宇宙学、神学、化理学、音乐等，这些通信充分体现了欧拉渊博的知识、极高的文学修养、哲学修养。后来这些通信整理成《致一位德国公主的信》，1768 年分三卷出版，世界各国译本风靡，一时传为佳话。

欧拉研究问题最鲜明的特点是：他把数学研究之手深入到自然与社会的深层。他不仅是位杰出的数学家，而且也是位理论联系实际的巨匠、应用数学大师。他喜欢搞特定的具体问题，而不像现代某些数学家那样，热衷于搞一般理论。

正因为欧拉所研究的问题都是与当时的生产实际、社会需要和军事需要等紧密相连，所以欧拉的创造才能才得到了充分发挥，取得了惊人的成就。欧拉在搞科学研究的同时，还把数学应用到实际之中，为俄国政府解决了很多科学难题，为社会做出了重要的贡献。如菲诺运河的改造方案，宫廷排水设施的设计审定，为学校编写教材，帮助政府测绘地图；在度量衡委员会工作时，参加研究了各种衡器的准确度。另外，他还为科学院机关刊物写评论并长期主持委员会工作。他不但为科学院做大量工作，而且挤出时间在大学里讲课，作公开演讲，编写科普文章，为气象部门提供天文数据，协助建筑单位进行设计结构的力学分析。1735 年，欧拉着手解决一个天文学难题——计算彗星的轨迹（这个问题需经几个著名的数学家几个月的努力才能完成）。由于欧拉使用了自己发明的新方法，只用了三天的时间。但三天持续不断的劳累也使欧拉积劳成疾，疾病使年仅 28 岁的欧拉右眼失明。这样的灾难并没有使欧拉屈服，他仍然醉心于科学事业，忘我地工作。但由于俄国的统治集团长期的权力之争，日益影响到了欧拉的工作，使欧拉很苦闷。事也凑巧，普鲁士国王腓特烈大帝得知欧拉的处境后，便邀请欧拉去柏林。尽管欧拉十分热爱自己的第二故乡（在这里他工作生活了 14 年），但为了科学事业，他还是在 1741 年暂时离开了圣彼得堡科学院，到柏林科学院任职，任数学物理所所长，并在 1759 年成为柏林科学院的领导人。在柏林工作期间，他并没有忘记俄罗斯，他通过书信来指导他在俄罗斯的学生，并把自己的科学著作寄到俄罗斯，对俄罗斯科学事业的发展起了很大作用。

历史上最伟大的数学家——高斯

高 斯

高斯（1777～1855），生于不伦瑞克，卒于哥廷根，德国著名数学家、物理学家、天文学家、大地测量学家。高斯被认为是最重要的数学家，有数学王子的美誉，并被誉为历史上伟大的数学家之一，和阿基米德、牛顿并列，同享盛名。

高斯的成就遍及数学的各个领域，在数论、非欧几何、微分几何、超几何级数、复变函数论以及椭圆函数论等方面均有开创性贡献。他十分注重数学的应用，并且在对天文学、大地测量学和磁学的研究中也偏重于用数学方法进行研究。

高斯 18 岁时，发现了质数分布定理和最小二乘法。通过对足够多的测量数据的处理后，可以得到一个新的、概率性质的测量结果。在这些基础之上，高斯随后专注于曲面与曲线的计算，并成功得到高斯钟形曲线（正态分布曲线）。其函数被命名为标准正态分布（或高斯分布），并在概率计算中大量使用。

19 岁时，高斯仅用没有刻度的直尺与圆规便构造出了正 17 边形（阿基米德与牛顿均未画出)，并为流传了2000年的欧氏几何提供了自古希腊时代以来的第一次重要补充。

高斯计算的谷神星轨迹总结了复数的应用，并且严格证明了每一个n阶的代数方程必有n个实数或者复数解。在他的第一本著名的著作《数论》中，作出了二次互反律的证明，成为数论继续发展的重要基础。在这部著作的第一章，导出了三角形全等定理的概念。

高斯在他的建立在最小二乘法基础上的测量平差理论的帮助下，计算出天体的运行轨迹。并用这种方法，发现了谷神星的运行轨迹。谷神星于1801年由意大利天文学家皮亚齐发现，但他因病耽误了观测，失去了这颗小行星的轨迹。皮亚齐以希腊神话中“丰收女神”（Ceres）来命名它，即谷神星（Planetoiden Ceres），并将以前观测的位置发表出来，希望全球的天文学家一起寻找。高斯通过以前的三次观测数据，计算出了谷神星的运行轨迹。奥地利天文学家在高斯的计算出的轨道上成功发现了这颗小行星，从此高斯名扬天下。高斯将这种方法著述在著作《天体运动论》中。

高斯重视科学表达的严格性与精炼，他对前人一些经不起推敲的叙述和证明完全不能容忍，从而决心使自己的著作在这方面无懈可击。他在致友人的信中明言：“你知道我写得慢，这主要是因为我总是想要用尽量少的字句来表达尽量多的思想，而写得简短比长篇大论地写更要花费时间。”

高斯才思泉涌，只得把科学发现作成简短的日志，来不及写成详述的论文，他说：“给予我最大愉快的事情不是所取得的成就而是得出成就的过程。当我把一个问题搞清楚了，研究透彻了，我就放下不管，转而探索未知的领域。”1898年，从高斯孙子家发现了只有19页的高斯笔记本，说日记中记载了他146项数学发现。有人估计，如果把他在科学上的每一个发现都写成完满的形式发表出来，那就需要好几个长寿的高斯终生的时间。他在数论、函数论、概率统计、微积分几何、非欧几何等数学领域都有开创性的巨大成就。

美国数学家赛蒙斯说：“这就是高斯，一个至高无上的数学家，他在那么多方面的成就超过一个普通天才人物所能达到的水平，以致我们有时会产生一种离奇的感觉，以为他是上界的天人。”

我国的数学奇才——陈景润

数学家陈景润

陈景润是著名数学家，曾经担任中国科学院院士、中国科学院数学研究所一级研究员、《数学学报》主编。

陈景润从小喜爱数学，特别是受到一些数学教师的影响，对奇妙而充满魅力的数论产生了浓厚的兴趣。在厦门大学期间，经过刻苦钻研，他对数学大师华罗庚和维诺格拉朵夫等人的专著及一些重要的数学方法有了深刻的理解，写出了他的第一篇论文。调到中科院数学所以后，在良好的学术环境中，在严师的指导下，他的研究水平有了飞跃，聪明才智得到了充分发挥。他共发表了学术论文 50 余篇、著书 4 本，在对近代解析数论的许多重要问题，如华林问题、球内整点和圆内整点问题、算术级数中的最小素数问题、小区间中殆素分布问题、三素数定理中的常数估计、哥德巴赫猜想、孪生素数问题等的研究中获得多项成果，做出了不可磨灭的贡献。

特别是在哥德巴赫猜想的研究中，陈景润得到了（1，2）的辉煌成果，即证明了每个充分大的偶数都可表示为一个常数和一个素因子个数不超过 2 的整数之和。1966 年，陈景润在《科学通报》宣布他证明了（1，2），但仅叙述了几个引理，未给出详细证明，因而当时没有得到国际数学界的承认，1973 年，他在《中国科学》发表了（1，2）的详细证明，并改进了 1966 年宣布的数值结果，立即在国际数学界引起了轰动，被公认为是对哥德巴赫猜想研究的重大贡献，是筛法理论的光辉顶点。他的结果被国际数学界称为“陈氏定理”，写进美、英、法、芬、日等国的许多数论书中。

由于这个定理的重要性，人们曾先后对它给出至少五个简化证明。陈景润在哥德巴赫猜想的研究领域至今保持着世界纪录和领先地位。

陈景润曾先后获得全国科学大会奖、国家自然科学一等奖、何梁何利基金奖、华罗庚数学奖等重大奖励。他的学术成就为国内外所公认。1974年，在国际数学家大会介绍庞比尼获菲尔兹奖的工作时，特别提到了“陈氏定理”，作为与之密切关联的工作之一。陈景润于1978年和1982年两次收到国际数学家大会作45分钟报告的邀请，这是很高的殊荣，他于20世纪70年代末和80年代初曾先后出访欧美，自1978年以来，他培养了多名博士研究生。

陈景润对数学的迷恋和热爱达到了如痴如醉的程度，数学研究几乎是他的全部生活和精神寄托。他并不是天才，却有着超人的勤奋和顽强的毅力。多年来孜孜不倦地致力于数学研究，废寝忘食，每天工作12个小时以上，他的成就是用生命换来的。无论任何时候，他都没有停止过自己的追求，为中国数学事业的发展做出了重大贡献。他的事迹和拼搏献身的精神在全国广为传颂，成为鼓舞全国人民的精神力量，成为一代青少年心目中传奇式的人物和学习的楷模。

20世纪最伟大的数学家之一——冯·诺依曼

冯·诺依曼，1903年出生于匈牙利，10岁入大学学习，12岁精通了波莱尔的专著《函数论》，18岁与老师合作发表了新颖而具有时代精神的论文，1930年赴美工作，1932年任普林斯顿大学教授，1933年任普林斯顿高级学院领导人，是六大著名教授之一，是年他不满30岁。由于工作需要，这位成熟的数学家自学了量子力学，且成了当时公认的量子力学的权威。1940年，他由一位纯数学家转向一位应用数学家。第二次世界大战开始后，积极参与有关反法西斯战争的科研项目，使得在武器研制方面美国处于世界领先地位。冯·诺依曼是制造原子弹的首席科学家和领导者。他很快就成了武器设计专家，在军备竞赛中为美国政府出谋划策。

冯·诺依曼的最重大的贡献是与他人合作研制出了第一台电子计算机，

冯·诺李曼

这一成就不仅轰动了当时的世界，而且将深远的影响人类文明，他对计算机的理论进行了深入的研究，为计算机的进一步发展奠定了基础。在应用数学方面，他还是“博弈论”的创始人，在经济日益发展的今天，博弈论的应用越来越广泛。在纯数学方面，对于实函数论、测度论、公理集合论、拓扑学、群论也都有巨大的贡献。他认为最好的数学灵感来源于经验，不相信竟能存在一种脱离一切人的经验的、绝对不变的严密的数学的概念。他说：“当一门数学学科离开他的经验源泉走得太远，或者更糟的是，如果它是第二代或第三代学科，只是间接地接受来自‘现实’的启发，那它就充满着严重的危险，它会变得越来越成为纯粹的矫揉造作，越来越纯粹的‘为艺术而艺术’。一门学科存在着依阻力最小的路线发展这种严重危险，就像一条河，离开它的源泉太远之后，分成许多涓细不足道的支流，使这门学科变成一大堆杂乱的细节和繁复的东西。换言之，一门数学学科在离开它的经验源泉太远之后，或者经过太多的‘抽象’配种，它就有退化的危险。”

另外，冯·诺依曼极富文字与口头表达能力，擅长科学演讲，他讨论与研究的是高深艰涩的抽象数学理论或尖端的科学技术，但著书立说时，他的书却写得深入浅出，道理深刻又有可读性，这与他扎实的社会科学功底有着深厚的关系，他幽默感很强，常以独特的口吻谈出对科学、对社会的中肯评论。

由于科学工作强度太大，效率太高，正当他精力旺盛成果频出之时身患癌症，这位数学巨人，于1957年2月8日过早地离开了人间。